Antje Junghans

Bewertung und Steigerung der Energieeffizienz kommunaler Bestandsgebäude

GABLER RESEARCH

Antje Junghans

Bewertung und Steigerung der Energieeffizienz kommunaler Bestandsgebäude

Entwicklung eines ganzheitlichen
Verfahrens für die kommunale Praxis

Mit einem Geleitwort von
Univ.-Prof. Dr.-Ing. C. J. Diederichs

RESEARCH

Bibliografische Information der Deutschen Nationalbibliothek
Die Deutsche Nationalbibliothek verzeichnet diese Publikation in der
Deutschen Nationalbibliografie; detaillierte bibliografische Daten sind im Internet über
<http://dnb.d-nb.de> abrufbar.

Dissertation Bergische Universität Wuppertal, 2009

1. Auflage 2009

Alle Rechte vorbehalten
© Gabler | GWV Fachverlage GmbH, Wiesbaden 2009

Lektorat: Claudia Jeske | Jutta Hinrichsen

Gabler ist Teil der Fachverlagsgruppe Springer Science+Business Media.
www.gabler.de

Das Werk einschließlich aller seiner Teile ist urheberrechtlich geschützt. Jede Verwertung außerhalb der engen Grenzen des Urheberrechtsgesetzes ist ohne Zustimmung des Verlags unzulässig und strafbar. Das gilt insbesondere für Vervielfältigungen, Übersetzungen, Mikroverfilmungen und die Einspeicherung und Verarbeitung in elektronischen Systemen.

Die Wiedergabe von Gebrauchsnamen, Handelsnamen, Warenbezeichnungen usw. in diesem Werk berechtigt auch ohne besondere Kennzeichnung nicht zu der Annahme, dass solche Namen im Sinne der Warenzeichen- und Markenschutz-Gesetzgebung als frei zu betrachten wären und daher von jedermann benutzt werden dürften.

Umschlaggestaltung: KünkelLopka Medienentwicklung, Heidelberg
Gedruckt auf säurefreiem und chlorfrei gebleichtem Papier
Printed in Germany

ISBN 978-3-8349-1979-3

Geleitwort

Die künftig zu erwartenden erheblich schrumpfenden Steuereinnahmen von Bund, Ländern und Kommunen, steigende Energiepreise und die hohe Anzahl öffentlicher Bestandsgebäude verdeutlichen die Dringlichkeit des Themas „Bewertung und Steigerung der Energieeffizienz kommunaler Bestandsgebäude", mit dem Frau Junghans einen wichtigen Beitrag nicht nur zur Entlastung der kommunalen, sondern auch der öffentlichen Landes- und Bundeshaushalte geleistet hat.

Gegenstand der Arbeit von Frau Junghans ist ein ganzheitliches Prozessmodell der „Facility Energy efficiency Evaluation (FEE)". Mit diesem Modell ermöglicht sie „eine einfache und schnelle energetische Bewertung (und Verbesserung!) von Gebäuden im Bestand einer Kommune am Beispiel der Heizenergie".

Frau Junghans entwickelt dazu nach Auswertung bestehender Verfahren zur Messung und Bewertung des Heizenergieverbrauchs sowie zur Steigerung der Energieeffizienz ein ganzheitliches Prozessmodell zur Ermittlung möglicher Einsparungen durch den Energieverbrauch senkende Modernisierungsmaßnahmen und deren Bewertung über den Gebäude-Lebenszyklus.

Sehr anschaulich ist die Ergebnisübersicht „FEE" auf einem Blatt in Abb. 33 (S. 118), die die Auswirkungen von Maßnahmen zur Energieeinsparung mit ihrer Priorisierung verdeutlicht und die Untersuchung von Alternativen auf einfache Weise ermöglicht.

Der Fortschritt des wissenschaftlichen Erkenntnisstandes und die innovative Leistung (uniqueness) von Frau Junghans bestehen darin, dass sie ein ganzheitliches Prozessmodell für die Bewertung und Steigerung der Energieeffizienz öffentlicher Bestandsgebäude geschaffen hat. In einem Praxistest hat sie die Funktionsfähigkeit des Modells nachgewiesen.

Die Bedeutung der Arbeit (significance) ist darin zu sehen, dass Maßnahmen zur Energieeinsparung und zur CO_2-Reduzierung nicht nur angesichts der knappen Kassen der öffentlichen Haushalte, sondern auch zur Sicherung der künftigen Energieversorgung und der drohenden Klimaveränderungen als vordringliche gesamtwirtschaftliche und globale Aufgabenstellungen angesehen werden müssen.

Frau Junghans ist damit ein „großer Wurf" gelungen. Dem Werk von Frau Junghans wird daher eine weite Verbreitung und Beachtung nicht nur im öffentlichen, sondern mit entsprechenden Anpassungen auch im gewerblichen und privaten Immobiliensektor gelingen.

Eichenau bei München, September 2009
Univ.-Prof. Dr.-Ing. C. J. Diederichs, FRICS

Vorwort

Öffentliche Gebäude prägen den Lebens- und Arbeitsraum ihrer Nutzer und Besucher. Ihre Energieeffizienz zeigt sich erst nach Fertigstellung und Inbetriebnahme. Die traditionellen Bauweisen erfordern es, dass den Gebäuden ständig Energie zugeführt wird, um die Behaglichkeitsanforderungen unabhängig von schwankenden äußeren Einflüssen kontinuierlich zu erfüllen. Ein hoher Energieverbrauch schadet der Umwelt. Die steigenden Energiekosten belasten die öffentlichen Haushalte. Je älter ein Gebäude ist, desto höher ist das erzielbare energetische Einsparpotenzial. Zum kommunalen Gebäudebestand gehören viele Altbauten aus den 60er und 70er Jahren. Es besteht Handlungsbedarf zur Energieeffizienzsteigerung kommunaler Bestandsgebäude. Das im Rahmen dieser Arbeit entwickelte Facility Efficiency Evaluation Prozessmodel „FEE-Modell" soll die kommunalen Bauverwaltungen bei der energetischen Bewertung und Verbesserung des Gebäudebestands unterstützen. Arbeitsschwerpunkte des Modells sind die systematische Auswahl der wesentlichen Kostentreiber, deren Analyse, sowie die Konzeption und Priorisierung von Modernisierungsmaßnahmen. Es werden organisatorische, bauliche und technische Maßnahmen unterschieden. Die Nutzenstiftung wird im Rahmen von Lebenszyklusbetrachtungen untersucht. Das „FEE-Modell" ermöglicht darüber hinaus die kurz-, mittel- und langfristige Maßnahmenplanung und den Nachweis erzielter energetischer Verbesserungen im Bestand.

Die Idee für diese Arbeit entstand im Rahmen meiner Forschungstätigkeit im Institut für Baumanagement (IQ-Bau) unter der Leitung von Univ.-Prof. Dr.-Ing. C. J. Diederichs an der Bergischen Universität Wuppertal. Die Beratung eines kommunalen Hochbauamtes lieferte mir erste Einblicke in die öffentliche Organisationsstruktur und deren Abläufe rund um die Bereitstellung und Bewirtschaftung kommunaler Gebäude. Nach dem Abschluss des Forschungsprojektes folgte eine mehrjährige Berufspraxis im Projektmanagement von öffentlichen Großprojekten. Zu meinen Aufgabenschwerpunkten gehörte das Termin- und Kostencontrolling von Theaterbaumaßnahmen. In dieser Zeit lag mein Arbeitsschwerpunkt in der beruflichen Praxis, die auch einen Umzug nach München mit sich brachte. An der TU München fand ich im Lehrstuhl für Baurealisierung und Informatik von Univ.-Prof. Dr.-Ing. (Univ. Tokio) Thomas Bock den Wiedereinstieg in die Forschung als wissenschaftliche Assistentin. Von dort nahm ich einen Ruf auf die Professur für Facility Management der Fachhochschule Frankfurt am Main an. Die Fertigstellung meiner Dissertation erfolgte parallel zu meinen Lehr- und Forschungsaufgaben als Professorin an der Fachhochschule Frankfurt am Main.

Univ.-Prof. Dr.-Ing. C. J. Diederichs danke ich besonders für seine langjährige Unterstützung und Förderung. Der Kontakt zur Bergischen Universität Wuppertal blieb nach der Emeritierung von Univ.-Prof. Dr.-Ing. C. J. Diederichs vor allem durch Jun.-Prof. Dr.-Ing. Stefanie Streck erhalten. Ihr bin ich für die abschließende Betreuung meines Promotionsvorhabens als Erstgutachterin sehr dankbar. Univ.-Prof. Dr.-Ing. (Univ. Tokio) Thomas Bock danke ich für die Eröffnung internationaler Perspektiven und inspirierende Diskussionen. Univ.-Prof. Dr.-Ing. F. Huber danke ich für die Übernahme des Vorsitzes der Prüfungskommission. Außerdem danke ich Beate Nietzold für die organisatorische Unterstützung. Stellvertretend für die Kollegen des IQ-Bau und der TU München danke ich Dr.-Ing. Stephan Seilheimer und PhD Architektin Anita Moum für ihre motivierende und hilfreiche Unterstützung und Begleitung meines Promotionsvorhabens. Meiner Schwester Birgit Kerber danke ich für das Lektorat. Meinem Ehemann Christian Rappel gilt mein ganz besonderer Dank für seine liebevolle Unterstützung und Geduld, ohne die der Abschluss des Promotionsvorhabens parallel zur Professur in Frankfurt am Main nicht möglich gewesen wäre. Dir Christian mit Yannik, Niklas und Natascha danke ich außerdem für euer fortwährendes Interesse an der Entwicklung der Arbeit und das entgegengebrachte Vertrauen und Verständnis. Darüber hinaus danke ich allen, die mich bei dieser Arbeit unterstützt und begleitet haben.

München, im August 2009
Antje Junghans

Inhaltsverzeichnis

Geleitwort	V
Vorwort	VII
Inhaltsverzeichnis	IX
Abbildungsverzeichnis	XIII
Tabellenverzeichnis	XIV
Formelverzeichnis	XV
Abkürzungsverzeichnis	XVII

1 Einleitung **1**
1.1 Ausgangslage und Problemstellung 1
1.2 Zielsetzung 4
1.3 Abgrenzung des Untersuchungsbereichs 6
1.4 Stand des Wissens 8
    1.4.1 Energiepolitik 9
    1.4.2 Kommunales Energiemanagement 10
    1.4.3 Lebenszykluskostenrechnung 12
    1.4.4 Nachhaltigkeitsbewertung 14
1.5 Aufbau der Arbeit 16

2 Grundlagen der Energieeffizienzbewertung **19**
2.1 Berücksichtigung der Nutzungsprozesse 21
2.2 Standortbedingte Einflussfaktoren 22
2.3 Betriebsprozesse 23
2.4 Bauwerk und Technische Anlagen 25

3 Beschreibung und Auswertung vorhandener Methoden **29**
3.1 Kennwertermittlung zur Identifikation von Einsparpotenzialen 29
    3.1.1 Benchmarking mit Betriebskostenkennwerten 29
    3.1.2 Benchmarking mit Energiekennwerten 31
3.2 Energetische Bewertung nach Energieeinsparverordnung 36
    3.2.1 Allgemeine Beschreibung der Bewertungsverfahren 36
    3.2.2 Heizperiodenverfahren und Monatsbilanzverfahren 37
    3.2.3 Internationalisierung der Formelzeichen 38
    3.2.4 Energiebedarfsausweise und Energieverbrauchsausweise 40
    3.2.5 Energiebedarfsermittlung im Nichtwohnungsbaubestand 43
3.3 Konzeption und Umsetzung von Energiespar-Contracting 44

3.3.1 Allgemeine Grundlagen für Energiespar-Contracting 44
3.3.2 Energiespar-Contracting in der kommunalen Praxis 45
3.3.3 Bestandsdatenerfassung für die Angebotslegung 46
3.4 Ganzheitliches Energiemanagement 49
3.4.1 Verbrauchskontrolle 49
3.4.2 Gebäudeanalyse 50
3.4.3 Energetische Modernisierung und Einsparmaßnahmen 52
3.4.4 Energieeffizienzverbesserung von Bestandsgebäuden 54
3.5 Wirtschaftlichkeitsbeurteilung von Energieeinsparstrategien 55
3.5.1 Auswahl finanzmathematischer Methoden 55
3.5.2 Berechnungsverfahren der Kapitalwertmethode 56
3.5.3 Berechnungsverfahren der Annuitätenmethode 60
3.6 Grundlagen der Modellentwicklung 62
3.6.1 Zusammenfassung der Modellanforderungen 62
3.6.2 Anforderungserfüllung durch die Benchmarking-Methode 64
3.6.3 Anforderungserfüllung durch die EnEV-Methode 65
3.6.4 Anforderungserfüllung durch die Contracting-Methode 67
3.6.5 Anforderungserfüllung durch die Energiemanagement-Methode 69
3.6.6 Anforderungserfüllung durch die Barwert-Methode 70
3.6.7 Zusammenfassung der Modellanforderungserfüllung 71
3.6.8 Verwendung vorhandener Methoden für die Modellentwicklung 77

4 Entwicklung eines ganzheitlichen Prozessmodells   **80**
4.1 Grobstruktur des Prozessmodells 80
4.2 Prozessablauf Gebäudeauswahl 81
4.3 Prozessablauf Gebäudeanalyse 84
4.3.1 Teilprozess Verbrauch und Kosten erfassen und auswerten 85
4.3.2 Teilprozess Geometrie erfassen und auswerten 88
4.3.3 Teilprozess U-Wert erfassen und auswerten 91
4.3.4 Teilprozess Nutzung erfassen und auswerten 92
4.3.5 Teilprozess Heizwärmeleistung berechnen 93
4.3.6 Teilprozess Heizenergiebedarf berechnen 98
4.3.7 Teilprozess Lebenszyklusbetrachtung des Einsparpotenzials 101
4.4 Prozessablauf Maßnahmenidentifizierung 102
4.5 Prozessablauf Umsetzungsempfehlung 105
4.5.1 Berechnung der Einsparkosten (ESPARKO) 105
4.5.2 Bewertung der Maßnahmeneffizienz (MEFFI) 106
4.5.3 Auswahl der Maßnahmen 106
4.6 Beispielberechnung mit EDV-Unterstützung 109

4.6.1	Prozessmodell-Umsetzung mit Tabellenkalkulationssoftware	109
4.6.2	Erfassung der Gebäudenutzung	110
4.6.3	Erfassung und Auswertung des Energieverbrauchs	111
4.6.4	Erfassung und Auswertung der Gebäudegeometrie	112
4.6.5	Ermittlung des Heizenergiebedarfs	114
4.6.6	Lebenszyklusbetrachtung der Einsparpotenziale	114
4.6.7	Maßnahmenidentifizierung am Beispiel des Kindergartens	115
4.6.8	Umsetzungsempfehlung am Beispiel des Kindergartens	115
4.6.9	Zusammenfassende Auswertung mit der Ergebnisübersicht	116

5 Modellanwendung am Beispiel kommunaler Bestandsgebäude   120

5.1	Auswahl und Priorisierung der Bestandsgebäude	120
	5.1.1 Schule	120
	5.1.2 Kindergarten 01	120
	5.1.3 Kindergarten 02	121
	5.1.4 Freizeitheim	121
	5.1.5 Bestandsdatenübersicht und Priorisierung der Gebäudeauswahl	121
5.2	Zusammenfassende Darstellung der Ergebnisse	123
5.3	Sensitivitätsanalyse am Beispiel des Kindergartens	126
	5.3.1 Auswirkung steigender Energiekosten	126
	5.3.2 Auswirkung veränderter Gebäudegeometrie	128
	5.3.3 Auswirkung erhöhter U-Werte im Ist-Zustand	129
	5.3.4 Auswirkung erhöhter Jahresvollbenutzungsstunden	131
	5.3.5 Auswirkung erhöhter Luftwechselzahl	132
	5.3.6 Auswirkung erhöhter Endenergie-Aufwandszahl	133
	5.3.7 Auswirkung veränderter Temperaturdifferenz	135
5.4	Ergebnisanalyse im Vergleich zu externen Verbrauchskennwerten	136
	5.4.1 Vergleichende Bewertung der Ergebnisse für die Schule	137
	5.4.2 Vergleichende Bewertung der Ergebnisse für den Kindergarten 01	139
	5.4.3 Vergleichende Bewertung der Ergebnisse für den Kindergarten 02	140
	5.4.4 Vergleichende Bewertung der Ergebnisse für das Freizeitheim	141
5.5	Im Zuge der Modellanwendung gewonnene Erkenntnisse	142

6 Resümee und Ausblick   146

6.1	Zusammenfassung der Ergebnisse	146
6.2	Weiterer Forschungsbedarf	149

Literatur   153

Glossar   165

Abbildungsverzeichnis

Abbildung 1: Kommunale Bauinvestitionen Mio. EUR (2006) 2
Abbildung 2: Einwohneranteil nach kommunalen Größenklassen 3
Abbildung 3: Energiekostenentwicklung 1987 – 2010 EUR/MWh 4
Abbildung 4: Einordnung des Untersuchungsbereichs 8
Abbildung 5: Aufbau der Arbeit 18
Abbildung 6: Einflussbereiche der Energieeffizienz von Gebäuden 20
Abbildung 7: Neubau- und Bestandsmaßnahmen im Schulbau 26
Abbildung 8: Gradtagzahlen eines Standortes im Jahresvergleich 34
Abbildung 9: Kapitalwert der Modernisierungsvariante 01 59
Abbildung 10: Kapitalwert der Modernisierungsvariante 02 60
Abbildung 11: Gesamtübersicht Methodenintegration 78
Abbildung 12: Prozentuale Anforderungserfüllung vorhandener Methoden 78
Abbildung 13: Anteil vorhandener Methoden an Modellanforderungserfüllung 79
Abbildung 14: Entwicklung und Integration vorhandener Methoden 79
Abbildung 15: Aufbau des FEE-Modells 80
Abbildung 16: Prozessablauf Gebäudeauswahl 83
Abbildung 17: Prozessablauf Gebäudeanalyse mit Teilprozessen 84
Abbildung 18: Prozessablauf Maßnahmenidentifizierung 104
Abbildung 19: Bauteilaufbau einer wärmegedämmten Außenwand 105
Abbildung 20: Auswahl der energetisch wirksamen Bauteilschicht 106
Abbildung 21: Prozessablauf Umsetzungsempfehlung 108
Abbildung 22: Datenerfassung Gebäudenutzung 111
Abbildung 23: Datenerfassung Energieverbrauch Mittelwert 112
Abbildung 24: Datenerfassung Gebäudegeometrie 113
Abbildung 25: Datenauswertung Flächen und Volumen 113
Abbildung 26: Heizenergiebedarf im Soll-Ist-Vergleich 114
Abbildung 27: Energiekostenentwicklung im Soll-Ist-Vergleich 114
Abbildung 28: Maximale Einsparpotenziale der Bauteilmodernisierung 115
Abbildung 29: Auswahl des Modernisierungsstandards und Umfangs 115
Abbildung 30: Ermittlung der Einsparkosten (ESPARKO) 116
Abbildung 31: Berechnung der Maßnahmeneffizienzfaktoren (MEFFI) 116
Abbildung 32: Priorisierung nach Maßnahmeneffizienzfaktoren 116
Abbildung 33: FEE 01 – Lebenszyklusbetrachtung 15 Jahre, 6 % Zinssatz 118
Abbildung 34: FEE 02 – Lebenszyklusbetrachtung 57 Jahre, 2 % Zinssatz 119
Abbildung 35: Heizenergiebedarf und Einsparpotenziale 123
Abbildung 36: Jährliche Heizenergiebedarfskennwerte 124

Abbildung 37: Heizkosten-Einsparbudget der vier Gebäude 125
Abbildung 38: Auswirkung veränderter Gebäudegeometrie 129
Abbildung 39: Auswirkung veränderter U-Werte 130
Abbildung 40: Auswirkung veränderter Jahresvollbenutzungsstunden 131
Abbildung 41: Auswirkung veränderter Luftwechselzahl 133
Abbildung 42: Auswirkung veränderter Endenergie-Aufwandszahl 135

Tabellenverzeichnis

Tabelle 1: Beispiel für die Ermittlung von Einsparungen 61
Tabelle 2: Modellanforderungen 62
Tabelle 3: Beiträge vorhandener Methoden 71
Tabelle 4: Beispiel Bestandsdatenerfassung Gebäudeauswahl 81
Tabelle 5: Beispiel Priorisierung der Gebäudeauswahl 82
Tabelle 6: Bestandsdatenübersicht Gebäudeauswahl 121
Tabelle 7: Priorisierung der Gebäudeauswahl 122
Tabelle 8: Auswirkung einer jährlichen Energiepreissteigerung von 5% 127
Tabelle 9: Auswirkung um 20 % verlängerter Gebäudegeometrie 128
Tabelle 10: Auswirkung um 20 % schlechterer U-Werte im Ist-Zustand 130
Tabelle 11: Auswirkung um 20 % höherer Jahresvollbenutzungsstunden 131
Tabelle 12: Auswirkung um 20 % höherer Luftwechselzahl 132
Tabelle 13: Auswirkung von 20% höherer Endenergie-Aufwandszahl 134
Tabelle 14: Auswirkung veränderter Temperaturdifferenzen 136
Tabelle 15: FEE Heizenergiebedarfsermittlung im Vergleich (kWh/a) 137
Tabelle 16: Überprüfte und angepasste FEE-Heizenergiebedarfsermittlung 144

Formelverzeichnis

Formel 1: Heizwärmebedarfsermittlung nach EnEV 2002 39
Formel 2: Heizwärmebedarfsermittlung nach EnEV 2007 39
Formel 3: Kapitalwertermittlung mit Barwertfaktor 57
Formel 4: Ermittlung des Barwertfaktors 57
Formel 5: Kapitalwertermittlung unter Berücksichtigung jährlicher Zahlungen 58
Formel 6: Ermittlung des Abzinsungsfaktors 59
Formel 7: Ermittlung der Annuität 61
Formel 8: Verbrauchsberechnung im Basisjahr 85
Formel 9: Witterungsbereinigter Verbrauch im Basisjahr 87
Formel 10: Berechnung der Gebäudelänge 88
Formel 11: Berechnung der Gebäudebreite 89
Formel 12: Berechnung der Bruttogrundfläche 90
Formel 13: Berechnung der Nutzfläche 90
Formel 14: Berechnung des Bruttorauminhalts 90
Formel 15: Berechnung des Nettovolumens 90
Formel 16: Berechnung der Gebäudehüllfläche 90
Formel 17: Ermittlung der Heizwärmeleistung 95
Formel 18: Ermittlung der Transmissionswärmeleistung 96
Formel 19: Ermittlung der Lüftungswärmeleistung 97
Formel 20: Ermittlung des Heizenergiebedarfs 100
Formel 21: Ermittlung des Brennstoffbedarfs 101
Formel 22: Barwertermittlung des Einsparpotenzials 102

Abkürzungsverzeichnis

A	Annuität
A	Gebäudehüllfläche
A	Fläche
a	Jahr
Abs.	Absatz
AFe	Fensterfläche
AW	Außenwand
AAW	Fläche der Außenwand
BBR	Bundesamt für Bauwesen und Raumordnung
BGF	Bruttogrundfläche
BGFa	Bruttogrundfläche allseitig umschlossen und überdeckt
BGF_E	Beheizte Bruttogrundfläche
BJ	Basisjahr
BKI	Baukosten Informationsdienst
BMVBS	Bundesministerium für Verkehr, Bau und Stadtentwicklung
BMWI	Bundesministerium für Wirtschaft und Technologie
BRI	Bruttorauminhalt
BW	Barwert
bw	Barwertfaktor
BWZK	Bauwerkszuordnungskatalog
bzw.	beziehungsweise
CAD	Computer Aided Design
CAFM	Computer Aided Facility Management
CO_2	Kohlendioxid
d	Tag
d.h.	das heißt
DE	Geschossdecke
Dena	Deutsche Energie Agentur
DESTATIS	Deutsches Statistische Bundesamt
DGNB	Deutsche Gesellschaft für nachhaltiges Bauen
Difu	Deutsches Institut für Urbanistik

DVP	Deutscher Verband für Projektmanagement
DWD	Deutscher Wetterdienst
ECA	Energy Concept Adviser
EDV	Elektronische Datenverarbeitung
e_{EH}	Endenergie-Aufwandszahlen für Raumheizung
EFH	Einfamilienhäuser
EINSPAR	Jährliche Einsparungen
EKOMM	Energiebewirtschaftungsprogramm für Kommunen
E-Max-Anlage	Anlage zur Überwachung elektrischer Lastspitzen
EnEV	Energieeinsparverordnung
ENERKO	Energiekosten im Basisjahr 2007
ESPARKO	Einsparkosten
EUR	Euro
EVU	Energieversorgungsunternehmen
FB	Fußboden
FE	Fenster
FEE	Facility Efficiency Evaluation
FM	Facility Management
FREIZEIT	Freizeitheim
GEFMA	Deutscher Verband für Facility Management
GIS	Geografische Informationssysteme
GM	Gebäudemanagement
GTZ	Gradtagzahl
h	Stunde
HEINZENG	Heizenergieverbrauch
HEIZKOST	Heizkosten
HNF	Hauptnutzfläche
HOAI	Honorarordnung für Architekten und Ingenieure
IEA	International Energy Agency
IST	Ausgangslage
IWU	Institut Wohnen und Umwelt
J	Joule

K	Kelvin
Kd	Kelvin day
KG	Kreisangehörige Gemeinden
KGSt	Kommunale Gemeinschaftsstelle für Verwaltungsmanagement
KIGA	Kindergarten
KS	Kreisfreie Städte
kW	Kilowatt
kWh	Kilowattstunde
LEED	Leadership in Energy and Environmetal Design
MBO	Musterbauordnung
MEFFI	Maßnahmeneffizienzfaktor
MFH	Mehrfamilienhäuser
Mio.	Millionen
Mrd.	Milliarden
MSR-Ebene	Mess-Steuer-Regelungsebene
MWh	Megawattstunde
N	Newton
n	Luftwechselzahl
NF	Nutzfläche
NGF	Nettogrundfläche
ÖÖB	Ökonomische Ökologische Bewertung von Wohnungs- und Bürogebaudeneubauten
ÖÖS	Ökonomisch ökologische Erneuerung von Wohnungsbeständen
OTTI	Ostbayerisches Technologie Transfer Institut
PC	Personal Computer
PPP	Public Private Partnership
Q	Wärme
QT	Transmissionswärmeleistung
QV	Lüftungswärmeleistung
RLT	Raumlufttechnik
S.	Seite
SAP	Produktname für kaufmännische Standard Software

SOLL	Zielvorgabe
t	Zeit
TGA	Technische Gebäudeausrüstung
U-Wert	Umkehrwert, Kehrwert des Wärmedurchgangswiderstands
V	Verbrauch
V	Volumen
V_b	Nettoluftvolumen
V_{bh}	Jahresvollbenutzungsstunden
VDI	Verein Deutscher Ingenieure
VDMA	Verband Deutscher Maschinen- und Anlagenbau e.V.
vgl.	vergleiche
W	Watt
Wh	Wattstunde
Ws	Wattsekunde
z.B.	zum Beispiel
ZNBW	Zentralstelle für Normung und Wirtschaftlichkeit im Bildungswesen

1 Einleitung

1.1 Ausgangslage und Problemstellung

Die laufende Energieversorgung für den Betrieb und die Nutzung von Gebäuden wird zunehmend problematischer. Die Verfügbarkeit von Erdöl, Erdgas und anderen konventionellen Energieträgern ist begrenzt. In den letzten Jahren sind die Energiepreise kontinuierlich angestiegen. Diese Entwicklung hat zur Folge, dass Verbraucher immer höhere Betriebskosten für die Heizung, Warmwasserbereitung und elektrische Energieversorgung aufbringen müssen. Somit werden öffentliche und private Haushalte zunehmend belastet. Auswege aus dieser Problematik werden in der Realisierung von Energieeinsparpotenzialen und in der Umstellung auf regenerative Energieträger gesehen. Voraussetzung dafür sind umfassende Anpassungs- und Erneuerungsmaßnahmen im Gebäudebestand. Einen Aufgabenschwerpunkt bildet die energetische Verbesserung von Bestandsgebäuden. Vorhandene Gebäude sollen in der Weise modernisiert werden, dass der Gesamtenergieverbrauch reduziert wird. Zur Deckung des verbleibenden Energiebedarfs sollen primär Solarenergie, Biomasse und andere nachhaltig verfügbare oder nachwachsende Energieträger genutzt werden.

Energieeffizienz und Wirtschaftlichkeit von kommunalen Gebäuden sind von gesamtgesellschaftlichem Interesse. Die Gebäude werden zur Unterbringung und Verwaltung der öffentlichen Infrastruktureinrichtungen benötigt. Zu den kommunalen Aufgabenschwerpunkten zählt beispielsweise die Bereitstellung und Bewirtschaftung von allgemeinbildenden Schulen und Kinderbetreuungseinrichtungen. Die Kommunen verfügen mehrheitlich nicht über die erforderlichen Finanzmittel für die Instandhaltung und Modernisierung der Bestandsgebäude. Diese Situation ist unter anderem ein Resultat einer vor allem auf das Bauen ausgerichteten Handlungsweise über Jahrzehnte, bei der die Gesamtkosten nicht ausreichend in Betracht gezogen wurden. Die kommunalen Bauausgaben sind seit 1991 von über 25 Mrd. Euro pro Jahr bis 2006 auf weniger als 15 Mrd. Euro pro Jahr kontinuierlich gefallen.[1] Der Großteil der Hochbauinvestitionen wurde mit rund 3 Mrd. Euro im Jahr 2006 für Schulbaumaßnahmen ausgegeben. Schulen liegen damit auf Platz zwei der kommunalen Bauinvestitionen (vgl. Abbildung 1). Für den Bau und die Bewirtschaftung von allgemeinbildenden Schulen sind die kommunalen Träger verantwortlich. Diese betreiben

---
[1] Vgl. Difu 2008, S. 16.

insgesamt rund 37.000 allgemeinbildende kommunale Schulen.[2] Die jeweiligen Bauinvestitionen betragen somit im Durchschnitt ca. 80.000 Euro pro Schule und Jahr. Mit diesem Budget ist ein langjähriger Instandhaltungsstau nicht abzuarbeiten. Es ist somit anzunehmen, dass im kommunalen Gebäudebestand nach wie vor ein hoher Instandhaltungs- und Modernisierungsbedarf vorhanden ist und entsprechende energetische Verbesserungsmaßnahmen erforderlich sind.

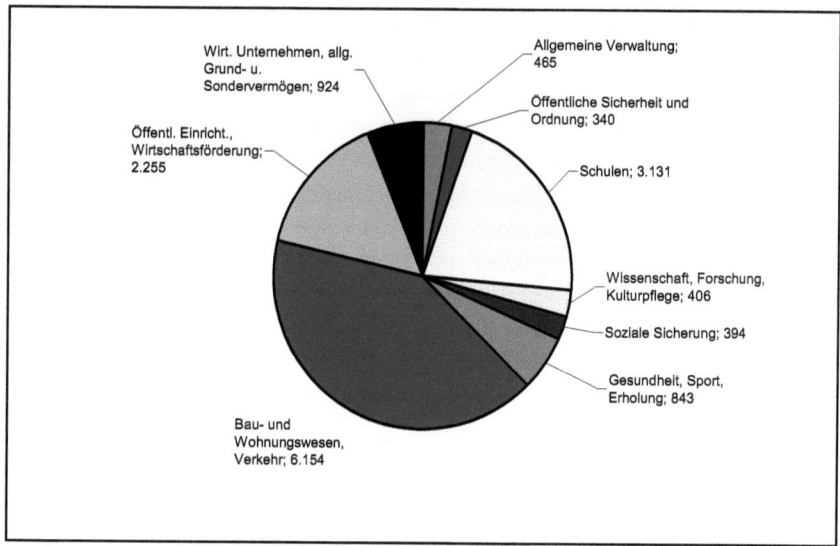

Abbildung 1: Kommunale Bauinvestitionen Mio. EUR (2006)[3]

Das allgemeine Gebot zur Sparsamkeit für jegliches Handeln von öffentlichen Verwaltungen ist im kommunalen Bereich von besonders hoher Bedeutung. Die kommunale Ebene ist grob in die Regierungsbereiche der 16 Bundesländer und im Detail in 13.400 Gemeinden und Gemeindeverbände unterschiedlicher Größenklassen gegliedert. Rund 75 % der Bevölkerung leben in Gemeindegrößenklassen von weniger als 100.000 Einwohnern.[4] Die detaillierte Verteilung der Einwohnerzahlen nach kommunalen Gemeindegrößenklassen ist in Abbildung 2 dargestellt. Die kommunalen Gebäude zur Unterbringung der öffentlichen Infrastruktureinrichtungen sind somit weit verstreut und die Verantwortung liegt in vielen Händen. Diese Ausgangslage erschwert die Bereitstellung und Bewirtschaftung von Gebäuden nach einheitlichen Qualitätsstandards. Außerdem werden durch die starke Zergliederung der Zustän-

---

[2] Vgl. DESTATIS 2007.
[3] Eigene Darstellung unter Verwendung von DESTATIS 2008, Tabelle 1.7.
[4] Eigene Berechnung unter Verwendung von DESTATIS 2008, Anhang 1.

1.1 Ausgangslage und Problemstellung

digkeiten die Möglichkeiten für übergeordnete Bestandsanalysen und Strategieentwicklungen erschwert. Diese sind jedoch erforderlich, um angemessene Modernisierungsbudgets zu planen und die Mittelverwendung zu steuern. Dieser Aufgabenbereich ist in das Feld des Facility Managements einzuordnen.

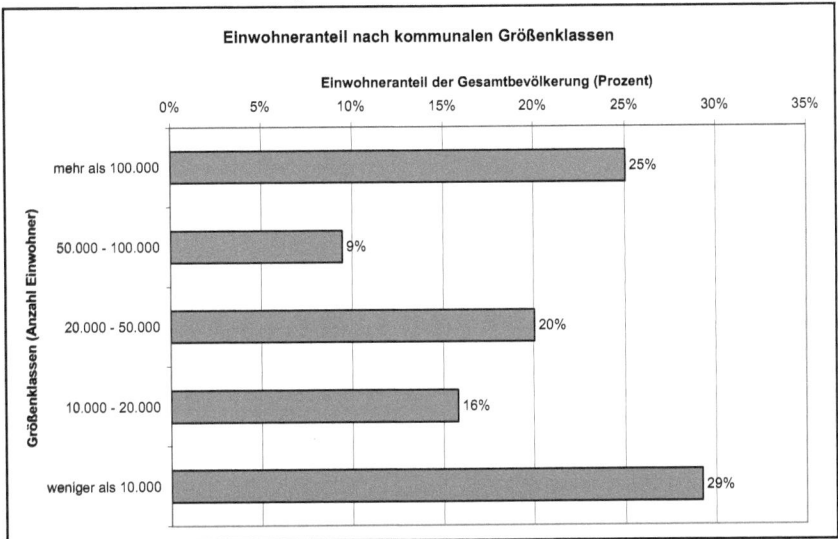

Abbildung 2: Einwohneranteil nach kommunalen Größenklassen[5]

Facility Management hat als Managementdisziplin im kommunalen Bereich noch wenig Verbreitung gefunden. Für den operativen Bereich der Energieverbrauchserfassung und des Anlagencontrollings sind in den Kommunen systematische Vorgehensweisen und Softwareunterstützung verfügbar. In größeren Kommunen sind eigene Energiemanagementabteilungen vorhanden, deren Arbeitsbereich die energetische Analyse und Effizienzverbesserung der kommunalen Einrichtungen umfasst. Steigende Energiekosten belasten die kommunalen Haushalte zunehmend. Die Bewertung und Steigerung der Energieeffizienz ist somit zu einem Aufgabenschwerpunkt geworden, der für die Haushaltsplanung von Bedeutung ist.

---

[5] Eigene Darstellung unter Verwendung von DESTATIS 2008.

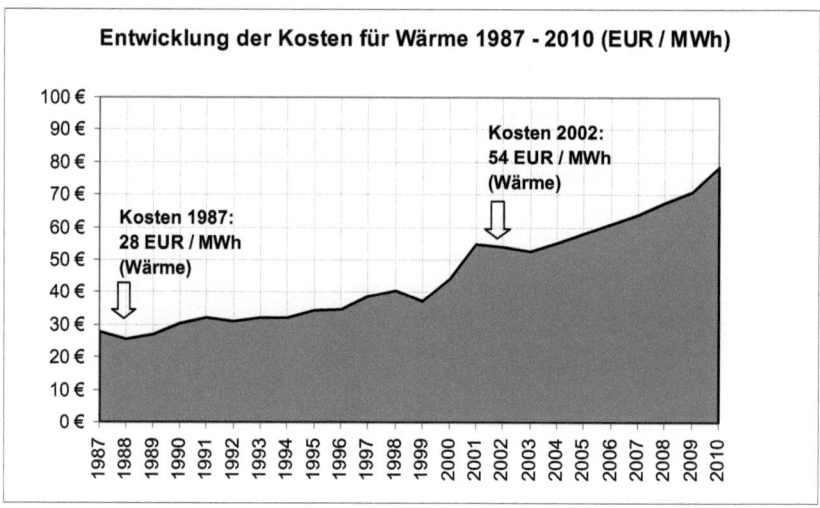

Abbildung 3: Energiekostenentwicklung 1987 – 2010 EUR/MWh[6]

Zusammenfassend wird im kommunalen Gebäudebestand und dessen Bewirtschaftung folgende Problematik festgestellt:
- Ökologische Defizite durch hohen Energieverbrauch und Einsatz nicht erneuerbarer Energieträger und damit verbundene Schadstoffemissionen, beispielsweise CO_2-Ausstoß.
- Ökonomische Probleme angespannter und überschuldeter Haushalte. Die Kosten für den laufenden Betrieb bewirken eine zunehmende Verschuldung.
- Soziale Aufgaben werden vernachlässigt. Die erforderlichen Infrastruktureinrichtungen können aus finanziellen Gründen nicht bedarfsgerecht zur Verfügung gestellt werden.
- Strategische Methoden zur Energieeffizienzbewertung und -verbesserung sowie kaufmännisch-technische Verfahren und Steuerungskennzahlen fehlen.

1.2 Zielsetzung

Ziel dieser Arbeit ist es, Grundlagen und wesentliche Methoden der Energieeffizienzbewertung für kommunale Gebäude vergleichend darzustellen und vertiefend zu untersuchen. Im Ergebnis ist die Integration vorhandener Einzelbewertungsmethoden in ein ganzheitliches Prozessmodell zur Energieeffizienzbewertung vorgesehen. Als Arbeitstitel für das zu entwickelnde Modell wird die Bezeichnung „Facility Efficiency

---

[6] Eigene Darstellung unter Verwendung von LHM 2004, S. 84 u. 86 (Daten 1987 – 2002).

Evaluation" mit der Abkürzung „FEE" gewählt. Diese Bezeichnung unterstreicht eine angestrebte Verknüpfung von technischer und kaufmännischer Betrachtungsweise im Rahmen von Facility Management. Das **FEE-Modell** soll genutzt werden, um die Energieeffizienz von kommunalen Bestandsgebäuden nachhaltig zu steigern und die Auswirkung auf die laufenden Betriebskosten zu prognostizieren und nachzuweisen.

Mit dem Energieeffizienzbewertungsmodell für Bestandsgebäude (FEE-Modell) soll eine einfache und schnelle energetische Bewertung von Gebäuden im Bestand einer Kommune am Beispiel der Heizenergie ermöglicht werden. Das Modernisierungsziel, z.B. Modernisierung auf Niedrigenergiehausstandard, ist als Soll-Standard definierbar. Auf Basis einer groben Erfassung des bestehenden Ist-Zustands werden Soll-Ist-Vergleiche durchgeführt und Einsparpotenziale ermittelt. Auf dieser Grundlage wird eine grobe Einschätzung der objektspezifischen Wirksamkeit von baulichen, technischen oder organisatorischen Verbesserungsmaßnahmen ermöglicht. Außerdem wird ein Netto-Investitionsbudget auf Basis der jährlich erzielbaren Einsparungen über einen langfristigen Betrachtungszeitraum unter Berücksichtigung kalkulatorischer Zinsen ermittelt. Das Modell ist für den Einsatz im strategischen Energiemanagement konzipiert. Auf der Grundlage der systematischen Bestandsbewertung können Steuerungskennzahlen für die Energieeffizienzsteigerung abgeleitet werden. Diese dienen als Ziel- und Kontrollgrößen für die langfristige Planung und als Grundlage für die Budgetierung von Energieeinsparmaßnahmen. Gegenüber der gegenwärtigen Praxis des Kennwertvergleichs auf Basis statistischer Auswertungen[7] werden die folgenden Vorteile erwartet:

- Energieeinsparpotenziale werden unter Berücksichtigung der vorhandenen Bestandssituation ermittelt und in allen Details nachvollziehbar dargelegt. Dabei werden objektspezifische Nutzungsrandbedingungen, Standortfaktoren, Betriebszeiten sowie bauliche und anlagentechnische Rahmenbedingungen berücksichtigt.
- Um eine vergleichende Beurteilung der Energieeffizienz innerhalb des Gebäudebestands vorzunehmen, sind keine externen Vergleichskennwerte aus überregionalen Datenbanken oder anderen Quellen erforderlich. Der hohe Bearbeitungsaufwand für die Ermittlung von statistisch vergleichbaren Bezugsgrößen entfällt, (z.B. die Ermittlung der energetisch konditionierten Bruttogrundfläche (BGF_E), die Zuordnung der Gebäudenutzungsarten nach Bauwerkszuordnungskatalog (BWZK).

---

[7] Vgl. Vorgehensweise nach VDI 3807-Blatt 1, 2007.

- Einsparpotenziale können über einen langfristigen Zeitraum prognostiziert und nachvollziehbar dokumentiert werden.
- Die Methode ist zur Entwicklung und Auswertung von bestandsspezifischen Best Practice Lösungen geeignet.
- Der Bearbeitungsaufwand für die Datenerfassung wird durch zielgerichtete Vereinfachungen auf ein minimales Maß reduziert. Im Bedarfsfall sind zusätzliche Detaillierungen möglich. Die Bewertungsprozesse werden mit Standard Software (z.B. Excel) unterstützt.

1.3 Abgrenzung des Untersuchungsbereichs

Die Forschungsarbeit ist in den Bereich der Immobilienwirtschaft des Fachgebietes Bauingenieurwesen einzuordnen. Der Untersuchungsschwerpunkt liegt im Facility Management. „Teilweise noch überlappend mit der Planung und in höherem Maße mit der Bauausführung setzt für die Betreuung des Gebäudebestandes ein komplexes Aufgabenfeld an, das Facility Management."[8] Facility Management ist eine Managementdisziplin, die sich mit der Analyse und Optimierung von kostenrelevanten Vorgängen im Zusammenhang mit Gebäuden, technischen Anlagen und Einrichtungen sowie unterstützenden Dienstleistungen befasst. Zielsetzungen des Facility Managements sind die Befriedigung der Grundbedürfnisse von Menschen am Arbeitsplatz, die Unterstützung der Unternehmenskernprozesse und die Erhöhung der Kapitalrentabilität.[9] Facility Management (FM) betrachtet den gesamten Lebenszyklus und umfasst insgesamt neun Lebenszyklusphasen von der Konzeption bis zur Verwertung.[10] Die Untersuchung der Energieeffizienz von kommunalen Bestandsgebäuden ist in die „Betriebs- und Nutzungsphase" einzuordnen. Verbesserungsmaßnahmen werden im Rahmen der „Umbau- oder Umnutzungs-, Sanierungs- und Modernisierungsphase" realisiert und wirken sich auf die Verbesserung zukünftiger Planungen und somit auf die „Konzeptions-" und die „Planungsphase" aus. Am Beispiel des Aufgabenfeldes des kommunalen Energiemanagements soll untersucht werden, wie Facility Management zur Energieeffizienzbewertung und -steigerung bei kommunalen Bestandsgebäuden eingesetzt werden kann. Die Untersuchung verbindet somit Facility Managementtheorie und kommunale Praxis und entwickelt **neue Ansätze** in folgenden Bereichen:

1. Facility Management Methoden werden in das strategische Aufgabenfeld des kommunalen Energiemanagements übertragen. Es sollen ganzheitliche Strategien zur Bewertung und Steigerung der Energieeffizienz entwickelt werden.

---

[8] Diederichs 2006, S. 6.
[9] Vgl. GEFMA 100-1, S. 3.
[10] Vgl. GEFMA 100-1, S. 2.

Eine Herausforderung besteht in der fehlenden wirtschaftlichen Vergleichbarkeit von Investitionsentscheidungen. Bislang spielte im Unterschied zur Privatwirtschaft im kommunalen Bereich die Kapitalrentabilität bei der Durchführung von Projektentwicklungen eine untergeordnete Rolle. Im Vordergrund steht die Aufgabenerfüllung im Rahmen der Bedarfsdeckung und Aufrechterhaltung der Verfügbarkeit von kommunalen Infrastruktureinrichtungen. In der kommunalen Praxis fehlen Kostenvergleichskennwerte für die Bewertung von Investitions- und Folgekosten. Die Umwandlung von kommunalen Hochbauämtern zu gebäudewirtschaftlichen Dienstleistern und die damit verbundene Einführung von Management Methoden wie z.B. Facility Management hat erst vor wenigen Jahren begonnen und ist bisher nicht abgeschlossen.[11]

2. Am Beispiel des Aufgabenbereichs der Energieeffizienzoptimierung soll im Sinne der Prozessorientierung im Facility Management ein ganzheitliches Prozessmodell entwickelt werden. Bisher fehlen Steuerungskennzahlen für das strategische Energiemanagement der Kommunen. Ersatzweise erfolgt eine Orientierung bei Neubauplanungen an übergeordneten energiepolitischen Standards. Für die Bewertung und systematische Verbesserung von Bestandsgebäuden müssen neben der Festlegung von Soll-Vorgaben auch fundierte Einschätzungen der Ausgangslage vorgenommen werden. Die energetische Bewertung erfolgt derzeit vor allem auf Objektbasis. Eine übergeordnete Konzeption für den Gesamtbestand, die als Grundlage für die mittel- bis langfristige Budgetplanung und zum Nachweis erzielter Effizienzsteigerungen Verwendung finden kann, fehlt.

3. Das Facility Managementleistungsbild soll im Bereich des strategischen Energiemanagements weiterentwickelt werden. Am Beispiel des Facility Management-Prozessablaufdiagramms „*Energiemanagement durchführen*"[12] wird deutlich, dass das Energiemanagement in der deutschen Facility Management Praxis bisher in die Betriebs- und Nutzungsphase eingeordnet wird. Der Wirkungsbereich ist somit auf die Untersuchung und Optimierung der operativen Prozesse ausgerichtet. Entsprechend sind Verbesserungsmaßnahmen nur im gegebenen Rahmen der Gebäudenutzungsphase darstellbar. Auf internationaler Ebene hat Facility Management diesbezüglich bereits einen anderen Stellenwert erreicht: „*In a number of organizations facility management has moved from the boiler to the board room. The facility professional, who was stuck with whatever design, building, furniture, or system he or she was han-*

---

[11] Vgl. Kaemper 1999, S. 6.
[12] GEFMA 100-1, Anhang, S. A 4.

ded, now leads the team that solves complex corporate facility problems."[13] Im Entwurf hat der Deutsche Verband für Facility Management (GEFMA) im August 2008 für den Bereich Energiemanagement zwei neue Richtlinien veröffentlicht: GEFMA 124-1: „Energiemanagement-Grundlagen und Leistungsbild" und GEFMA 124-2: „Methoden im Energiemanagement". Diese Richtlinien sollen den gesamten Lebenszyklus berücksichtigen. Die Anwendung ist als Arbeitsgrundlage für alle Bereiche vorgesehen, in denen der Energieverbrauch eine wichtige Rolle spielt, z.B. Bundes-, Landes- und Kommunalliegenschaften, Industrie, Handel, Gewerbe und Wohnungsbau.[14]

1.4 Stand des Wissens

Die Untersuchung der Methodik zur Energieeffizienzbewertung und Steigerung für kommunale Bestandsgebäude wird vor allem von den folgenden vier Aufgabenfeldern der Wissenschaft und Praxis beeinflusst (vgl. Abbildung 4):
1. Energiepolitik,
2. Kommunales Energiemanagement,
3. Lebenszykluskostenrechnung,
4. Nachhaltigkeitsbewertung.

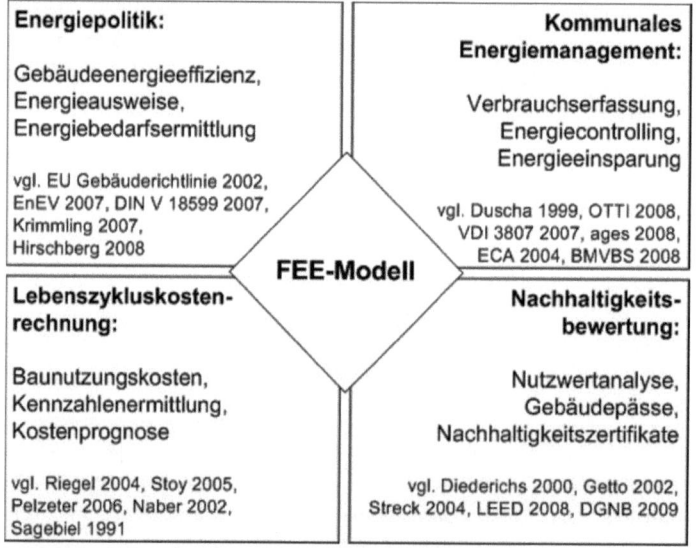

Abbildung 4: Einordnung des Untersuchungsbereichs

---

[13] Rondeau 2006, S. 554.
[14] Vgl. GEFMA 124-1, 2008, S. 1.

1.4 Stand des Wissens

1.4.1 Energiepolitik

Die energiepolitischen Zielsetzungen fordern Energie- und Ressourceneinsparung und die stärkere Nutzung regenerativer Energien. Anhand von standardisierten Bewertungsverfahren sollen nationale Mindestanforderungen umgesetzt werden. Die europäische Richtlinie über die Gesamtenergieeffizienz von Gebäuden ist Anfang 2003 in Kraft getreten. Diese Richtlinie verpflichtet Mitgliedsstaaten der Europäischen Union zur ganzheitlichen Beurteilung der Energieeffizienz von Gebäuden und zur Ausstellung von Energieausweisen bei Neubau, Verkauf und Neuvermietung.[15] Die aktuelle Energieeinsparverordnung (EnEV 2007) ist seit 1. Oktober 2007 gültig. Mit der EnEV 2007 wird die europäische Richtlinie in deutsches Recht umgesetzt. Die Energieeinsparverordnung enthält verbindliche Anforderungen für die Bewertung von Gebäuden und die Ausstellung von Energieausweisen.[16] Die DIN V 18599-1-10: 2007-02: *„Energetische Bewertung von Gebäuden – Berechnung des Nutz-, End- und Primärenergiebedarfs für Heizung, Kühlung, Lüftung, Trinkwarmwasser und Beleuchtung"* ist als Berechnungsverfahren zur Ermittlung der Werte von Nichtwohngebäuden anzuwenden.[17] Ein Schwerpunkt der wissenschaftlichen und praktischen Auseinandersetzung mit dieser Thematik liegt im Bereich des Wohnungsbestandes. Der Bereich Nichtwohngebäude ist vergleichsweise wenig untersucht und wird von der Nutzungsart Bürogebäude geprägt. Für die Gebäudegruppe der Nichtwohngebäude sind die folgenden Arbeiten relevant:

- *„Energieeffiziente Gebäude – Grundwissen und Arbeitsinstrumente für den Energieberater"*, Jörn Krimmling (2007). Inhaltliche Schwerpunkte des Fachbuchs sind: Das Energiesystem Gebäude, Berechnungsverfahren zur Bestimmung des Energiebedarfs von Gebäuden, Energetische Gebäudegestaltung, Wirtschaftliche Bewertung, Energiemanagement, Energiedienstleistungen und das gesetzliche Umfeld.

- *„Energieeffiziente Gebäude – Bau und anlagentechnische Lösungen, Vereinfachte Verfahren zur energetischen Bewertung"*, Rainer Hirschberg (2008). Die Inhalte dieses Fachbuchs, das als *„Praxishandbuch zur EnEV 2007"* bezeichnet wird, sind: Grundlagen, Verfahren der energetischen Bewertung, Wirtschaftlichkeitsnachweis, Facility Management, Contracting, Fassaden und Gebäude- und Anlagengeometrie, Vereinfachte Verfahren zur energetischen Bewertung (Wohngebäude, Nichtwohngebäude).

---

[15] Vgl. BMVBS 2008, S. 3.
[16] Vgl. BMVBS 2008, S. 3.
[17] Vgl. § 4 EnEV 2007 „Anforderungen an Nichtwohngebäude" Abs. 3, § 9 EnEV 2007 „Änderung von Gebäuden" Abs. 2 und Anlage 2 (zu den §§ 4 und 9 EnEV 2007) „Berechnungsverfahren zur Ermittlung der Werte des Nichtwohngebäudes".

- Der „Leitfaden für Energiebedarfsausweise im Nichtwohnungsbau" wurde im Auftrag des Bundesministeriums für Verkehr, Bau und Stadtentwicklung (BMVBS) im Dezember 2007 veröffentlicht. Verfasser des Leitfadens ist das Ingenieurbüro Schmidt Reuter – Integrale Planung und Beratung GmbH. Inhalte des Leitfadens sind Grundlagen und Berechnungsverfahren nach DIN V 18599. Diese werden anhand von Beispielgebäuden (Schule, Betriebsgebäude und Verwaltungsgebäude) vertiefend angewendet.[18]

1.4.2 Kommunales Energiemanagement

Das kommunale Energiemanagement hat seit den 90er Jahren an Bedeutung gewonnen. Steigende Energiepreise und knappe kommunale Haushaltsmittel förderten die Untersuchung von energetischen Einsparpotenzialen. Die generelle Vorgehensweise im Energiemanagement wird anhand ganzheitlicher Strukturen und Fallbeispiele wie folgt behandelt:

- „Energiemanagement für öffentliche Gebäude – Organisation, Umsetzung und Finanzierung", Duscha, Hertle (1999). Es handelt sich um einen Praxisleitfaden, der die wesentlichen Aspekte des kommunalen Energiemanagements praxisnah darstellt und anhand von Beispielen anschaulich vertieft. Die folgenden Inhalte werden behandelt: Untersuchung von Energiesparmaßnahmen am Beispiel eines Gymnasiums aus den 50er Jahren, Aufgaben des Energiemanagements, Hilfsmittel (EDV-Einsatz, Messmittel, Informationsquellen) und Methoden (Wirtschaftlichkeitsberechnung, Emissionsberechnung) zur Unterstützung der Aufgaben, Organisatorische Grundlagen, Ziele und Einführungsstrategie für das Energiemanagement, Erfahrungen und Beispiele (Neukirchen-Vluyn, Gladbeck, Stuttgart, Wuppertal), Finanzierung (Beispiele: Stadtinternes Contracting in Stuttgart, „unechte" Privatisierung Energiedienstleistungszentrum Rheingau Taunus GmbH). Im ca. 30 Seiten umfassenden Anhang sind Arbeitshilfen (z.B. Checklisten, Formulare, Berechnungshilfen etc.) beigefügt.
- Das Ostbayerische Technologie Transfer Institut e.V. (OTTI) veranstaltete im Februar 2008 das „2. Internationale Anwenderforum: Energieeffizienz und Bestand – Energetische Sanierung von Gebäuden" mit rund 100 Teilnehmern. Die Vorträge aus Wissenschaft und Praxis gliederten sich in fünf Schwerpunkte: Rahmenbedingungen und Strategien, Planungswerkzeuge zur Sanierung von Nichtwohngebäuden, innovative Sanierungswerkzeuge und Komponen-

---

[18] Vgl. BMVBS 2007.

1.4 Stand des Wissens

ten, Technische Gebäudeausrüstung (TGA) und die Vorstellung von Best Practice Projekten.[19]

- Die Forschungsgesellschaft ages GmbH hat im Jahr 2008 den *„Verbrauchskennwertbericht 2005"* in 2. Auflage veröffentlicht. Das zugrunde liegende Forschungsprojekt über die Erfassung und Auswertung des Energie- und Wasserverbrauchs von Bestandsgebäuden wurde mit Unterstützung der Bundesstiftung Umwelt und des Verbandes Deutscher Ingenieure (VDI) durchgeführt.[20]

- Der Verein Deutscher Ingenieure e.V. (VDI) hat im März 2007 die VDI-Richtlinie: *„Energie- und Wasserverbrauchskennwerte für Gebäude – Grundlagen"* herausgegeben. Mit dieser Richtlinie werden Grundlagen für das Ermitteln und Anwenden von Energie- und Wasserverbrauchskennwerten dargelegt. Die Richtlinie ist für Gebäude und Liegenschaften, die mit Heizenergie einschließlich Fernwärme, Strom und Wasser versorgt werden, anzuwenden.[21]

- Die *„International Energy Agency"* (IEA) hat ein Forschungsprojekt mit dem Titel *„Retrofitting in Educational Buildings – REDUCE"* in Auftrag gegeben. Im Ergebnis wurde von einem internationalen Forscherteam unter anderem ein Sanierungsberatungsprogramm *„Calculation Tools for the Energy Concept Adviser (ECA)"* entwickelt[22]. Mit dem Sanierungsberatungsprogramm werden die wichtigsten Hauptkenngrößen (Gebäudegeometrie, bauphysikalische Kennwerte, Anlagentechnik etc.) eines zu untersuchenden Bestandsgebäudes erfasst und einem vergleichbaren Beispielgebäude gegenübergestellt. Im Ergebnis werden energetische Verbesserungsmaßnahmen vorgeschlagen und deren Auswirkung auf Primärenergiebedarf und Kosten (Investitions- und Folgekosten) vergleichend bewertet. Der Detaillierungsgrad ist relativ hoch und die Erfassung der erforderlichen Ausgangsdaten sehr umfangreich. Für die korrekte Dateneingabe und -auswertung der Ergebnisse ist technisches Fachwissen erforderlich. Die testweise Anwendung des Bewertungstools zur Bewertung eines Kindergartens ergab, dass nur ein einziges vergleichbares Beispielgebäude vorhanden war. Dabei handelte es sich um eine Kindertagesstätte in Finnland. Die Vergleichbarkeit war aufgrund völlig unterschiedlicher klimatischer Standortbedingungen nicht gegeben.

---

[19] Vgl. OTTI 2008.
[20] Vgl. ages 2008.
[21] Vgl. VDI 3807-Blatt 1, S. 3.
[22] Vgl. Internetveröffentlichung unter: www.annex36.de, Bearbeitungsstand Mai 2004, Abfragestand 28.07.2008.

- Der Bereich Energiespar-Contracting wird im gleichnamigen Leitfaden zur Vorbereitung und Durchführung von Energiespar-Contracting in Bundesliegenschaften vertiefend behandelt. Der Leitfaden wird von der Deutschen Energie Agentur (Dena) herausgegeben.[23]

1.4.3 Lebenszykluskostenrechnung

Die Kostenoptimierung im Gebäudelebenszyklus ist ein weiterer relevanter Forschungsschwerpunkt, der vor allem im Rahmen der vorbereitenden Recherchen für diese Arbeit untersucht wurde. Mit zunehmender Eingrenzung des Untersuchungsbereichs wurde der Arbeitsschwerpunkt auf das kommunale Energiemanagement und die energetischen Bewertungsmethoden eingegrenzt. Vor allem in Bezug auf die wirtschaftliche Bedeutung der Energieverwendung im Gebäudelebenszyklus und die ganzheitliche Betrachtung von kostenrelevanten Einflussfaktoren wurde die Arbeit von folgenden Forschungsarbeiten beeinflusst:

- „Lebenszykluskosten von Immobilien", Pelzeter (2006). In dieser Dissertation werden die Einflussfaktoren der Lage, Gestaltung und Umwelt auf die Lebenszykluskosten von Immobilien untersucht. Pelzeter befasst sich im Unterschied zu den konventionellen Berechnungsverfahren, die Lebenszykluskosten vorwiegend anhand der Summe von Materialien ermitteln, mit dem Zusammenwirken der Materialien als gebautes Ganzes und dessen Wechselwirkungen mit der natürlichen, gebauten und sozialen Umwelt. In diesem Rahmen wird ein Berechnungsmodell entwickelt und am Beispiel der Daten von zwei real existierenden Bürogebäuden vertieft.[24]

- „Ein softwaregestütztes Berechnungsverfahren zur Prognose und Beurteilung der Nutzungskosten von Bürogebäuden", Riegel (2004). Schwerpunkt der Dissertation ist die Entwicklung des Prognosetools „Beurteilung von Bauinvestitionen" (BUBI). Einsatzbereich von BUBI ist die Prognose und Beurteilung der Nutzungskosten von Bürogebäuden, insbesondere Verwaltungsgebäuden. Der Arbeitsschwerpunkt wird dabei auf die Analyse von unterschiedlichen Planungsvarianten der Gebäudeausführung über einen Betrachtungszeitraum von 15 bis 25 Jahren gelegt. Außerdem soll auf Basis der Kostenprognose eine Überwachung der Kosten in der Nutzungsphase ermöglicht werden.[25]

- „Benchmarks und Einflussfaktoren der Baunutzungskosten", Stoy (2005). Untersuchungsgegenstand der Dissertation sind Aufwand (Baunutzungskosten) und Nutzen (Brutto-Mietzins) der Bereitstellung von Büroimmobilien anhand

---

[23] Vgl. Dena 2008.
[24] Vgl. Pelzeter 2006.
[25] Vgl. Riegel 2004.

umfangreicher Datenauswertungen von 116 Gebäuden der Kooperationspartner: Credit Suisse, Stadt Zürich, Swiss Reinsurance Company und UBS. Im Ergebnis wird bei den kalkulatorischen Kosten (kalkulatorische Eigenkapitalkosten, Abschreibung) mit insgesamt 60 % der größte Anteil an den Baunutzungskosten festgestellt. Die Fremdleistungskosten (Verwaltungskosten, Ver- und Entsorgung, Reinigung und Pflege sowie die Instandhaltung der Baukonstruktion) werden mit einem Anteil von insgesamt 40 % der Baunutzungskosten ermittelt, davon haben Ver- und Entsorgung, Reinigung und Pflege den höchsten und Verwaltungs- und Instandhaltungskosten den geringsten Kostenanteil. Stoy kommt unter anderem zu dem Ergebnis, dass die Auswirkung von Rohbau und Ausbau auf die ausgabenwirksamen Kosten gering und der Einfluss der Haustechnik vergleichsweise hoch ist. Je moderner die Haustechnik ist, desto höher sind die Kosten für Inspektion und Wartungsaufwand. Ein hoher Technisierungsgrad wirkt sich ebenfalls Kosten steigernd aus. Der Anteil von Aufzugs- und lufttechnischen Anlagen wird als relevant für die ausgabenwirksamen Kosten identifiziert.[26]

- *„Planung unter Berücksichtigung der Baunutzungskosten als Aufgabe des Architekten im Feld des Facility Managements, eine Systematik für Architekten zur Überprüfung und Verbesserung der Wirtschaftlichkeit von Planungsvarianten im Rahmen der Objektplanung"*, Naber (2002). Am Beispiel von Büro- und Verwaltungsgebäuden sowie Schulen werden in dieser Dissertation Kostenschwerpunkte und Möglichkeiten der Kostenoptimierung in der Planungsphase untersucht. Planungsabhängige Betriebskosten und Einsparpotenziale werden bei Bürogebäuden in den Bereichen Wartung, Strom und Heizung festgestellt. Kostenschwerpunkte der Schulen sind unabhängig von der Schulart die Reinigungskosten, Heizung und Strom. Weiterer Forschungsbedarf wird von Naber in einer umfassenden Erhebung von Baunutzungskosten gesehen.[27]

- *„Baunutzungskosten im Schulbau – Betriebskostendaten"*, Sagebiel (1991). In den Jahren 1986 – 1988 wurde eine deutschlandweite Erhebung von kommunalen Betriebskosten am Beispiel von Schulen durchgeführt. Die Betriebskostenkennwerte sollten für die kommunale Haushaltsplanung Verwendung finden. Sagebiel stellte auf Basis des sehr geringen und Fehler behafteten Rücklaufs der Erhebungsbögen (73 von 1.000 Fragebögen konnten ausgewertet werden) fest, dass in den Kommunen wesentliche Voraussetzungen für die

---

[26] Vgl. Stoy 2005.
[26] Vgl. Naber 2002.

Datenerhebung fehlten. Erforderliche Gebäudekenndaten, wie beispielsweise die Bruttogrundfläche, lagen nicht vor oder waren mangelhaft. Außerdem wurden Verbrauchsmengen weder regelmäßig erhoben noch für Vergleichszwecke aufbereitet (z.B. Klimabereinigung, Standortbereinigung). Im Ergebnis der Studien wurde ein Energieverbrauch für Wärme, Kälte und Strom von 250 bis 300 kWh/m^2 × a als üblich und Energieverbrauchszahlen von 100 bis 150 kWh/m^2 × a als erzielbar dokumentiert. Das aus damaliger Sicht prognostizierte Einsparpotenzial betrug 30 %.[28]

1.4.4 Nachhaltigkeitsbewertung

Die Entwicklung dieser Arbeit wurde von Forschungsarbeiten im Bereich der ökonomischen und ökologischen Bewertung von Gebäuden beeinflusst. An der Bergischen Universität Wuppertal wurde im Lehr- und Forschungsgebiet Bauwirtschaft ein Bewertungssystem für die ökologische und ökonomische Planungsqualität von Wohnungsneubauten entwickelt. Mit dem System wird Bauherren und Planern eine schnelle und einfache Bewertung der Vor- und Entwurfsplanung ermöglicht. Anhand eines Kriterienkatalogs werden die Vor- und Nachteile der Planung transparent gemacht und gleichzeitig das kostengünstige und umweltgerechte Bauen gefördert.[29]

- Die Dissertation von Getto lieferte eine Vertiefung des Bewertungssystems zur ökonomischen und ökologischen Bewertung in der Vorentwurfs-, Entwurfs- und Ausführungsphase von Wohnungs- und Bürogebäudeneubauten (ÖÖB). Die Bewertungsergebnisse werden in einem Bewertungspass dokumentiert. Die Bewertung erfolgt mittels einer Nutzwertanalyse. Anhand von 14 Haupt- und 56 Teilkriterien mit minimalen, optimalen und maximalen Referenzwerten wird die Zielerfüllung beurteilt.[30]

- Streck untersuchte in ihrer Dissertation die ökonomische und ökologische Erneuerung von Wohnungsbeständen (ÖÖS). Das Bewertungssystem unterscheidet sich vom zuvor erläuterten ÖÖB insbesondere durch die Auswahl und Gliederung der Kriterien, die die Besonderheiten der Bestandsmaßnahmen berücksichtigen. Bewertungsgrundlage sind die Planungsunterlagen für die Sanierung und Modernisierung von Wohngebäuden. Ziel ist es, Bauherren, Planer und Behörden bei der wirtschaftlichen und ökologischen Sanierung und Modernisierung von Wohngebäuden zu unterstützen. Damit wird die Qualität der Planung und Realisierung zur ökonomischen und ökologischen Erneuerung von Wohnungsbeständen verbessert.[31]

---

[28] Vgl. Sagebiel 1991:, S. 20 f..
[29] Vgl. Diederichs/Getto/Streck 2000.
[30] Vgl. Getto 2002.
[31] Vgl. Streck 2004.

1.4 Stand des Wissens

Mittlerweile ist die ganzheitliche Bewertung von Gebäuden im Rahmen der Nachhaltigkeitszertifizierung vor allem für internationale Investoren zu einem Marketinginstrument geworden. International werden unterschiedliche Zertifikate für nachhaltiges Bauen „Green Building" ausgestellt. Zu den international führenden und auch in Deutschland angewendeten Zertifizierungssystemen zählt beispielsweise „Leadership in Energy and Environmetal Design (LEED)"[32]. In Deutschland setzt sich seit 2007 die „Deutsche Gesellschaft für Nachhaltiges Bauen (DGNB)" für die Entwicklung eines deutschen Nachhaltigkeitszertifizierungssystems und die Verleihung entsprechender Gütesiegel ein. Im Januar 2009 wurden im Rahmen der Baumesse in München die ersten DGNB-Zertifikate verliehen. Bisher liegen die DGNB Bewertungskriterien nur für die planungsbegleitende Bewertung von Bürogebäudeneubauten vor. Das Bewertungsverfahren basiert auf der Methodik der Nutzwertanalyse und beinhaltet einen bewerteten und gewichteten Kriterienkatalog mit mehr als 60 Steckbriefen. Bewertungsschwerpunkte sind die ökologische, ökonomische und soziale Bauwerksqualität. Die Bewertung erfolgt auf der Grundlage der Planungsunterlagen. Die Bewertung der Betriebs- und Nutzungsprozesse ist bisher nur ansatzweise berücksichtigt. Im Rahmen des Untersuchungsschwerpunktes Prozessqualität wird die Vorgehensweise zur geregelten Übergabe und Inbetriebnahme der Gebäude bewertet. Kriterien und Vorgehensweisen zur Untersuchung von Nachhaltigkeitsaspekten im laufenden Betrieb sind in der DGNB-Systematik bisher nicht enthalten. Das Bewertungsverfahren ist sehr umfangreich und erfordert eine entsprechende fachliche Spezialisierung der Auditoren. Außerdem fehlt eine einheitliche Softwareunterstützung für die umfangreichen und komplexen Bewertungsprozesse.[33] Die Bundesregierung weist in ihrem aktuellen Fortschrittsbericht über die Umsetzung der Nachhaltigkeitsstrategie unter anderem Handlungsbedarf in den Bereichen Steigerung der Energie- und Ressourcenproduktivität und Reduzierung des Flächenverbrauchs aus.[34] Die energetische Modernisierung von Bestandsgebäuden trägt in hohem Maße zu einer nachhaltigen Entwicklung bei, indem der laufende Energieverbrauch reduziert, vorhandene Ressourcen genutzt und keine weiteren Flächen verbraucht werden. Zusammenfassend werden Grundlagen für die Untersuchung und Verbesserung der Nachhaltigkeit von Gebäuden beispielsweise in den folgenden Veröffentlichungen behandelt:

---

[32] "LEED is an internationally recognized green building certification system" LEED 2008, http://www.usgbc.org/DisplayPage.aspx?CMSPageID=1988.
[33] Vgl. DGNB 2009.
[34] Vgl. Bundesregierung 2008, S. 40 f., 45.

- „*Das Deutsche Gütesiegel nachhaltiges Bauen, Aufbau – Anwendung – Kriterien*", Deutsche Gesellschaft für nachhaltiges Bauen e.V. (DGNB), 1. Auflage 2009.

- „*Leitfaden Nachhaltiges Bauen*", herausgegeben vom Bundesamt für Bauwesen und Raumordnung (BBR) im Auftrag des Bundesministeriums für Verkehr, Bau und Wohnungswesen, Stand: Januar 2001.

- „*Fortschrittsbericht 2008 zur nationalen Nachhaltigkeitsstrategie – für ein nachhaltiges Deutschland*", herausgegeben vom Presse- und Informationsamt der Bundesregierung, Stand: Juli 2008 (Indikatoren: August 2008), Berlin 2008.

Eine Forschungsarbeit, die sich mit einem ganzheitlichen Prozessmodell zur Energieeffizienzbewertung für kommunale Bestandsgebäude befasst, wurde im Rahmen der durchgeführten Literaturrecherchen und Expertengespräche[35] nicht identifiziert. Eine Ursache dafür mag sein, dass bisher die Marktattraktivität für Bestandsmaßnahmen relativ gering ist. Es ist diesbezüglich jedoch ein Wandel absehbar. In Frankfurt am Main wird derzeit das erste Bankgebäude mit „*LEED Platin Zertifizierung*"[36] saniert. Die Anforderung zur Umsetzung von regenerativer Energienutzung erfordert eine stärkere Auseinandersetzung mit dem Bestand und dem Standort. Die zu entwickelnde Systematik zur Bewertung und Steigerung der Energieeffizienz soll somit über den kommunalen Bereich hinaus Verwendung finden.

1.5 Aufbau der Arbeit

Zunächst werden die Grundlagen für die Energieeffizienzbewertung von Bestandsgebäuden und die wichtigsten Einflussbereiche dargestellt. Die wesentlichen Untersuchungsbereiche sind: Menschen, Standort, Bauwerk, Technische Anlagen und Betriebsweise. Außerdem werden Besonderheiten von kommunalen Bestandsgebäuden herausgestellt (vgl. Kapitel 2).

Anschließend werden in einer Auswahl die bekannten Energieeffizienzbewertungs- und Optimierungsmethoden in den üblichen Anwendungsgebieten dargestellt. Das Kapitel 3 ist in die folgenden Arbeitsschwerpunkte gegliedert: Vergleichskennwertermittlung, Energieausweise, Energiemanagement, Energiespar-Contracting und Wirt-

---

[35] Deutsches Institut für Urbanistik (difu): Gespräch mit Michael Reidenbach, Berlin 2004, Zentralstelle für Normung und Wirtschaftlichkeit im Bildungswesen (ZNWB): Gespräch mit Wolfgang Schürmann, Berlin 2004, Kommunale Gemeinschaftsstelle für Verwaltungsmanagement (KGSt): Gespräch mit Elke Grossenbacher, Frankfurt am Main 2008 (Auswahl).

[36] „Platin" ist die beste Auszeichnung, die im LEED Zertifizierungssystem vergeben wird.

1.5 Aufbau der Arbeit

schaftlichkeitsbeurteilungen. Aus der Darstellung der vorhandenen Methoden wird ein Fazit im Hinblick auf die Erfüllung der in den Kapiteln 1 und 2 definierten Anforderungen an das Prozessmodell gezogen.

Im Hauptteil der Arbeit wird ein ganzheitliches Prozessmodell für die Energieeffizienzbewertung und Steigerung von kommunalen Bestandsgebäuden entwickelt und dargestellt. Die Modellentwicklung erfolgt unter Berücksichtigung der übergeordneten Anforderungen ganzheitlicher Untersuchungsbereich und Lebenszyklusorientierung. Außerdem werden Anforderungen an eine effiziente Arbeitsweise und überprüfbare Zielerreichung gestellt. Untersuchungsschwerpunkt ist die Effizienzsteigerung im Rahmen der Wärmeversorgung. Das Modell umfasst die wesentlichen Haupt- und Teilprozesse von der Gebäudeauswahl bis zur Umsetzungsempfehlung. Der Hauptprozess Gebäudeanalyse wird exemplarisch vertieft. Die wesentlichen Arbeitsschritte werden zunächst erläutert und anschließend anhand eines praktischen Beispiels durchgeführt. In diesem Rahmen wird auch die Umsetzung der zugrunde liegenden Formeln mit Tabellenkalkulationssoftware aufgezeigt. Die Eignung des Modells für die mittel- bis langfristige Steuerung der Energieeffizienzbewertung und -steigerung von Bestandsgebäuden wird nachgewiesen (vgl. Kapitel 4).

Zur Vertiefung folgt die Modellanwendung am Beispiel von vier kommunalen Bestandsgebäuden: Schule, Kindergarten 01, Kindergarten 02 und Freizeitheim. Diese Bestandsauswahl berücksichtigt einen Querschnitt aus unterschiedlichen Baualtersklassen und Nutzungsarten kommunaler Bestandsgebäude (vgl. Kapitel 5).

Abschließend werden zusammenfassende Bewertungen der Ergebnisse vorgenommen, die Übertragbarkeit auf andere Bereiche erörtert und weiterer Forschungsbedarf identifiziert (vgl. Kapitel 6).

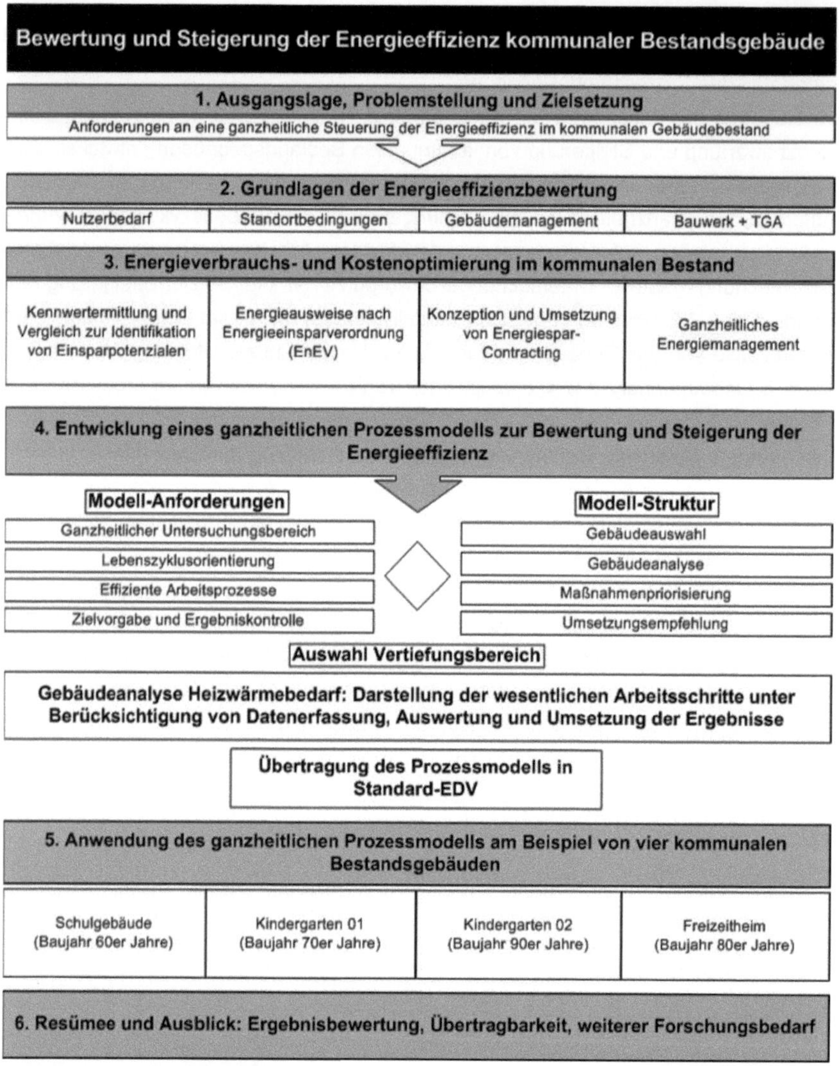

Bewertung und Steigerung der Energieeffizienz kommunaler Bestandsgebäude

1. Ausgangslage, Problemstellung und Zielsetzung
Anforderungen an eine ganzheitliche Steuerung der Energieeffizienz im kommunalen Gebäudebestand

2. Grundlagen der Energieeffizienzbewertung

Nutzerbedarf	Standortbedingungen	Gebäudemanagement	Bauwerk + TGA

3. Energieverbrauchs- und Kostenoptimierung im kommunalen Bestand

Kennwertermittlung und Vergleich zur Identifikation von Einsparpotenzialen	Energieausweise nach Energieeinsparverordnung (EnEV)	Konzeption und Umsetzung von Energiespar-Contracting	Ganzheitliches Energiemanagement

4. Entwicklung eines ganzheitlichen Prozessmodells zur Bewertung und Steigerung der Energieeffizienz

Modell-Anforderungen	Modell-Struktur
Ganzheitlicher Untersuchungsbereich	Gebäudeauswahl
Lebenszyklusorientierung	Gebäudeanalyse
Effiziente Arbeitsprozesse	Maßnahmenpriorisierung
Zielvorgabe und Ergebniskontrolle	Umsetzungsempfehlung

Auswahl Vertiefungsbereich

Gebäudeanalyse Heizwärmebedarf: Darstellung der wesentlichen Arbeitsschritte unter Berücksichtigung von Datenerfassung, Auswertung und Umsetzung der Ergebnisse

Übertragung des Prozessmodells in Standard-EDV

5. Anwendung des ganzheitlichen Prozessmodells am Beispiel von vier kommunalen Bestandsgebäuden

Schulgebäude (Baujahr 60er Jahre)	Kindergarten 01 (Baujahr 70er Jahre)	Kindergarten 02 (Baujahr 90er Jahre)	Freizeitheim (Baujahr 80er Jahre)

6. Resümee und Ausblick: Ergebnisbewertung, Übertragbarkeit, weiterer Forschungsbedarf

Abbildung 5: Aufbau der Arbeit

2 Grundlagen der Energieeffizienzbewertung

Effizienz bezeichnet allgemein die Wirksamkeit und Wirtschaftlichkeit.[37] Energieeffizienz ist somit als wirksame und wirtschaftliche Energieverwendung zu verstehen. Die Energieeffizienz von Gebäuden wird anhand der Energiemenge beurteilt, die für die Standardnutzung gebraucht wird. Die Standardnutzung umfasst die Heizung, Warmwasserbereitung, Kühlung, Lüftung und Beleuchtung.

Bei der Energieeffizienzberechnung sollen nach europäischem Recht bauliche, technische, standort- und nutzungsspezifische Einflussfaktoren berücksichtigt werden. Hierzu zählen: *„die Wärmedämmung, technische Merkmale und Installationskennwerte, Bauart und Lage in Bezug auf klimatische Aspekte, Sonnenexposition und Einwirkung der benachbarten Strukturen, Eigenenergieerzeugung und andere Faktoren, einschließlich Innenraumklima, die den Energiebedarf beeinflussen."*[38] Die allgemeine Vorgehensweise zur Bewertung der Energieeffizienz wird in DIN V 18599 wie folgt festgelegt: *„Bewertung der energetischen Qualität von Gebäuden durch Vergleich der Energiebedarfskennwerte mit Referenzwerten (d.h. mit wirtschaftlich erreichbaren Energiebedarfskennwerten vergleichbarer neuer oder sanierter Gebäude) oder durch Vergleich der Energieverbrauchskennwerte mit Vergleichswerten (d.h. mit den Mittelwerten der Energieverbrauchskennwerte vergleichbar genutzter Gebäude)."*[39] Diese Vorgehensweise ist zur Erstellung von Energieausweisen nach den Anforderungen der Energieeinsparverordnung (EnEV 2007) anzuwenden. In allen anderen Fällen kann die Bewertungsmethode frei gewählt werden.

Als Untersuchungsbereiche für die wirksame und wirtschaftliche Energieverwendung in Gebäuden werden in Anlehnung an die zuvor genannten Normen vorläufig identifiziert: Mensch, Standort, Gebäude, Technische Gebäudeausrüstung (TGA), Betrieb und Lebenszyklus. Ziel dieses Kapitels ist es, die Grundlagen für die Energieeffizienzbewertung darzulegen.

---

[37] Vgl. Duden 1997, S. 214.
[38] Richtlinie 2002/91/EG, Artikel 2, Ziffer 2.
[39] DIN V 18599-1:2007-02, S. 12.

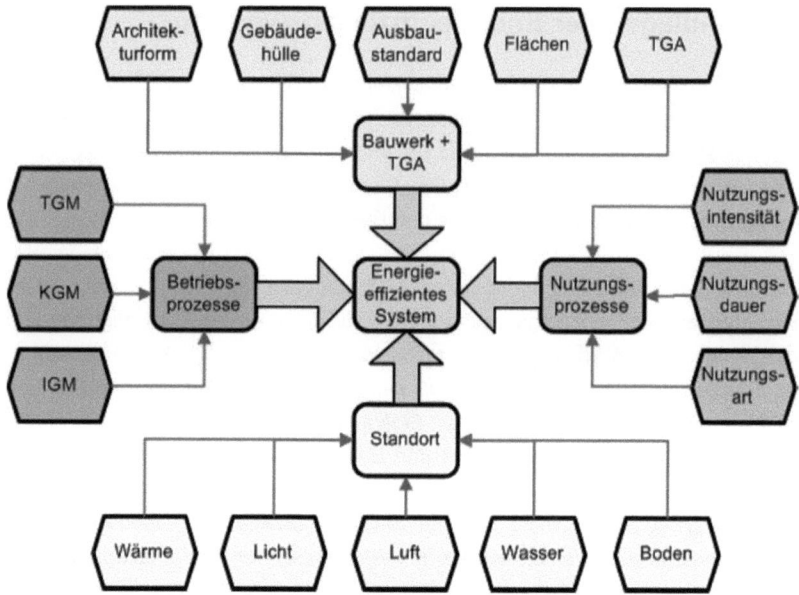
Abbildung 6: Einflussbereiche der Energieeffizienz von Gebäuden

Zusammenfassend lassen sich die wesentlichen Einflussbereiche der Energieeffizienz von Gebäuden wie folgt darstellen (vgl. Abbildung 6):
- Die Nutzungsprozesse werden in drei wichtige Kategorien untergliedert: Nutzungsintensität (z.B. Belegungsdichte), Nutzungsdauer (z.B. pro Tag, im Jahr) und Nutzungsart (z.B. Schulbetrieb, Kindergarten).
- Der Standort symbolisiert den Bezug zur Umwelt und die ökologische Einbindung des Gebäudes in die wichtigsten Kreisläufe und physikalischen Prozesse. Die wichtigsten Kategorien sind Wärme (z.B. mittlere Außentemperaturen im Sommer und Winter), Licht (z.B. Strahlungsintensität der Sonne), Luft (z.B. Windverhältnisse), Wasser (z.B. Verfügbarkeit von Trinkwasser und Möglichkeiten zur Regenwassernutzung), Boden (z.B. Verfügbarkeit von Rohstoffen und Energieträgern am Standort oder in der Region).
- Betriebsprozesse werden von den technischen, kaufmännischen und infrastrukturellen Ebenen des Gebäudemanagements (GM) beeinflusst. Das technische Gebäudemanagement (TGM) umfasst z.B. Betrieb, Wartung und Instandhaltung von Anlagen, Schwerpunkte des kaufmännischen Gebäudemanagements (KGM) sind der Abschluss von Energieversorgungsverträgen, Abrechnungen und Beschaffungen. Das infrastrukturelle Gebäudemanagement (IGM) umfasst die Objektreinigung und Hausmeisterdienste.

- Bauwerk und Technische Gebäudeausrüstung (TGA) beeinflussen den Energiebedarf und prägen die Verwendung und Nutzung der Energie. Die wichtigsten Kategorien sind: Architekturform (z.b. Grad der Kompaktheit des Gebäudes), Gebäudehülle (z.b. Fensterflächenanteil und Orientierung der Fenster), Ausbaustandard (z.b. Ausstattung mit technischen Geräten), Flächen (z.b. Verhältnis von Bruttogrundflächen zu Nutzflächen), TGA (z.b. Heizung, Lüftung, Beleuchtung und Wasserversorgung).

2.1 Berücksichtigung der Nutzungsprozesse

Im Mittelpunkt der Energieverwendung in Gebäuden stehen die Menschen als Gebäudenutzer mit ihren spezifischen Anforderungen an eine behagliche und bedarfsgerechte Umgebung. Ein angenehmes Raumklima ist für das Wohlbefinden von besonderer Bedeutung. Menschen nehmen mit ihren sechs Sinnen die Umwelt wahr. Das menschliche Wohlbefinden wird gleichzeitig von mehreren Sinneswahrnehmungen geprägt. Die wesentlichen Einflussparameter für die Schaffung eines behaglichen Raumklimas sind: die Temperatur der Luft und der Umgebungsflächen, die Luftfeuchtigkeit und die Luftbewegung bzw. der Luftwechsel. Dieser ist für eine ausreichende Frischluftversorgung erforderlich. *„Die thermische Behaglichkeit ist gegeben, wenn der Mensch Lufttemperatur, Luftfeuchte, Luftbewegung und Wärmestrahlung in seiner Umgebung optimal empfindet und weder wärmere noch kältere, weder trockenere noch feuchtere Raumluft wünscht."*[40]

Das Behaglichkeitsempfinden in Gebäuden wird darüber hinaus durch physikalische Einflussfaktoren (Geräuschbildung, Raumelektrizität), chemische Einflussfaktoren (Geruchs- und Ekelstoffe, Kohlendioxid, Staub und Gase) und optische Einflussfaktoren (Beleuchtung, Farben, Ausblick) geprägt. Außerdem beeinflussen die Art der Tätigkeit, das Alter, der Gesundheitszustand, die Kleidung, und das Geschlecht das individuelle Behaglichkeitsempfinden der Gebäudenutzer.[41]

Der Energieverbrauch in Gebäuden wird unterschieden in den Basisbedarf für die Bereitstellung nutzbarer Gebäude und den Energiebedarf für die Durchführung von Aktivitäten der Nutzer. Der Basisbedarf entspricht dem Energiebedarf für die Bereitstellung von gesunden Lebens- und Arbeitsräumen für die Gebäudenutzer. Es werden sämtliche Energieströme zur Schaffung eines behaglichen Raumklimas unter Einhaltung der Mindestvorgaben des Arbeits- und Gesundheitsschutzes betrachtet

---

[40] DIN 1946-2, VDI Lüftungsregeln.
[41] Vgl. Hausladen 2003, S. 16.

(Standardnutzung). Für die Bemessung werden unter anderem die Arbeitsstättenverordnung und Arbeitsstättenrichtlinien zugrunde gelegt. Darüber hinaus sind Bemessungsparameter nach anerkannten Regeln der Technik und spezifischen DIN-Normen zu verwenden.

Im Rahmen der Energieeffizienzbewertung nicht bilanziert wird die Energiemenge, die den nutzungsspezifischen Unternehmenskernprozessen zuzuordnen ist (z.B. Energieverwendung für Produktionsprozesse oder die technische Ausstattung von Büroarbeitsplätzen). In der Praxis der Verbrauchserfassung ist diese theoretische Abgrenzung zwischen Standardnutzung und nutzungsspezifischen Unternehmenskernprozessen nicht immer umsetzbar. Beispielhaft ist dafür die Elektroinstallation zu nennen, die dies nicht unterscheidet. Der Energieverbrauch für die Beleuchtung (Basisbedarf) und die Aktivitäten der Nutzer wird gleichermaßen erfasst. Die Elektroinstallation wird in Stromkreise untergliedert, die auf die Belastung ausgelegt sind. In der Regel werden fest installierte Geräte (z.B. Herd, Warmwasserbereiter) und Beleuchtung und Steckdosen meist raum- oder bereichsweise getrennt abgesichert. Wenn die Steckdosen von den Nutzern in der Betriebsphase für Kopierer, Drucker, PC oder Kaffeemaschinen genutzt werden, ist eine getrennte Erfassung des Stromverbrauchs für die Beleuchtung ohne weitere Zählvorrichtungen nicht möglich.

2.2 Standortbedingte Einflussfaktoren

Der Standort prägt die Energieeffizienz von Gebäuden in mehrfacher Hinsicht. Die vorherrschenden Außentemperaturen wirken sich auf die Intensität und Dauer der Heizperiode aus. Solare Energiegewinne sind abhängig von der Strahlungsintensität und Sonnenscheindauer. Die verfügbare Grundstückserschließung liefert Vorgaben für die Ver- und Entsorgung mit Energieträgern und Medien (z.B. Strom, Gas, Wasser). Zusammenfassend sind die folgenden standortspezifischen Einflussfaktoren für die Ermittlung der Energieeffizienz zu berücksichtigen:

Klimatische Bedingungen
- Dauer und Intensität der Sonneneinstrahlung
- durchschnittliche bzw. extreme minimale und/oder maximale Außentemperaturen und ihre Schwankungen
- Niederschläge, Trockenzeiten, relative Luftfeuchte
- Windrichtung, Windstärke und Windhäufigkeit

Baukörperanordnung im Gelände
- Verkehrsanbindung
- Topographie (z.B. ebenes Gelände, Südhanglage)

- Bebauungsdichte
- Anbindung an die Energieversorgung

Orientierung des Gebäudes
- Besonnung und Sonnenstand im Winter
- Sonnenschutz im Sommer
- Verschattung, flacher Sonnenstand im Winter maßgebend für Gebäudeabstand

Windschutz/Bepflanzung
- Pflanzen tragen zur Reduzierung der Wärmeverluste durch Wind bei. Die Freiraumplanung, Bepflanzung, Anteil von versiegelter zu nicht versiegelter Fläche (Regenwasserversickerung) prägen darüber hinaus die Aufenthaltsqualität.[42]

2.3 Betriebsprozesse

Die Betriebsweise der technischen Anlagen wirkt sich unmittelbar auf den Energieverbrauch aus. Maßgeblich sind die Dauer und Intensität des Anlagenbetriebs. Die Höhe des Heizenergieverbrauchs wird beispielsweise davon beeinflusst, ob die Heizanlagen täglich 24 Stunden in Betrieb sind, an Wochenenden und nachts abgeschaltet werden oder im reduzierten Betrieb laufen. Außerdem sind Anpassungsmöglichkeiten an die Nutzungsanforderungen zu berücksichtigen. Beispielsweise kann die bereichsweise Regelungsmöglichkeit durch unterschiedliche Heizkreise den Energieverbrauch reduzieren. Der Deutsche Facility Management Verband (GEFMA) ordnet die Betriebsprozesse in die Lebenszyklusphase 6 „Betrieb und Nutzung" ein. Dem Hauptprozess 6.300: *„Objekte betreiben"* werden im Facility Management die folgenden Teilprozesse zugeordnet:

- Anlagen & Einrichtungen bedienen,
- Anlagen & Einrichtungen wiederkehrend prüfen,
- Anlagen & Einrichtungen inspizieren & warten,
- Anlagen & Einrichtungen instandsetzen & erneuern.

Am Beispiel des Teilprozesses „Anlagen und Einrichtungen bedienen" wird der im Facility Management zu erbringende Leistungsumfang wie folgt vertieft: Die einzelnen Leistungen beginnen mit dem Übernehmen der Technischen Anlagen und der Einweisung durch Auftraggeber oder Vertragsvorgänger bei Vertragsbeginn. Auf der Grundlage einer erstmaligen Begehung werden vorhandene Schäden und Mängel

---

[42] Eigene zusammenfassende Darstellung unter Verwendung von Pistohl 2005, S. I 16.

protokolliert. Bei der erstmaligen Inbetriebnahme neuer Technischer Anlagen erfolgen die Mitwirkung bei den Abnahmen und die Vertretung der Eigentümerinteressen gegenüber Herstellern und Lieferanten. Einzelleistungen der Anlagenbedienung sind: Stellen, Schalten, Steuern, Regeln und Überwachen (z.B. mittels Gebäudeautomation oder regelmäßiger Kontrollgänge). Zu überwachende Bereiche sind: technische Funktionen, baulicher Zustand, Einhaltung der Hausordnung und ordnungsgemäße Reinigung. Störungen, Schäden oder Gefahrenzustände müssen erkannt, analysiert und deren Behebung veranlasst werden. Der Betrieb umfasst auch die Auffüllung von Verbrauchsstoffen und Optimierungen im laufenden Betrieb, z. B. Regelparameter und Absenkzeiten einstellen, Verbrauchswerte erfassen, Zähler ablesen, Zählerstände zur Durchführung von Energiemanagementleistungen weiterleiten. Darüber hinaus werden betriebliche Abläufe dokumentiert. Der Teilprozess „Anlagen und Einrichtungen bedienen" endet mit der Außerbetriebnahme und Stilllegung (vorübergehend oder endgültig) einzelner Anlagen oder Einrichtungen bzw. der Übergabe bei Vertragsende. Abschließend werden erneute Begehungen durchgeführt, Schäden und Mängel protokolliert und der Vertragsnachfolger eingewiesen.[43]

Darüber hinaus ist der Hauptprozess 6.400: „Objekte ver- und entsorgen" für die Bewertung und Verbesserung der Energieeffizienz von Bedeutung. Nach GEFMA wird dieser Facility Management Hauptprozess in die folgenden vier Teilprozesse gegliedert:

- Objekte versorgen,
- Energiemanagement durchführen,
- Objekte entsorgen,
- Entsorgungsmanagement durchführen.

Der Teilprozess „Energiemanagement durchführen" wird im Facility Management wie folgt beschrieben: Der Leistungsumfang beginnt mit der Mitwirkung bei der Verhandlung der Energieslieferverträge. Auf Basis der Vertragsgrundlage ist ein Energiecontrolling durchzuführen. Der Aufgabenbereich des Energiemanagements umfasst die Identifikation der Energieverbraucher, die Auswertung der Verbrauchsdaten und die Analyse von Soll-/Ist-Abweichungen. Außerdem werden Energiekonzepte erstellt und Energiesparmaßnahmen initiiert, geplant und umgesetzt. Darüber hinaus werden Energieanwender geschult und Energiebeauftragte bestellt.[44]

---

[43] Vgl. GEFMA 100-2, Anhang B, S. B 17.
[44] Vgl. GEFMA 100-2, Anhang B, S. B 18.

2.4 Bauwerk und Technische Anlagen

Gebäude werden allgemein wie folgt definiert: „*Gebäude sind selbstständig benutzbare, überdeckte bauliche Anlagen, die von Menschen betreten werden können und geeignet oder bestimmt sind, dem Schutz von Menschen, Tieren oder Sachen zu dienen.*"[45] In der Musterbauordnung (MBO) werden Gebäude in fünf Gebäudeklassen und in den Bereich der Sonderbauten untergliedert. Diese Einteilung ist in Bezug auf Brandschutz- und Sicherheitsanforderungen an die Konstruktion und die Ausgestaltung der Rettungswege von Bedeutung. Wesentliche Gliederungskriterien sind: Gebäudehöhe, Bruttogrundfläche und Nutzungsart. Kommunale Gebäude sind in der Regel den Sonderbauten zuzuordnen. Der kommunale Gebäudebestand zeichnet sich durch folgende Besonderheiten aus:

- Deckung des Bedarfs an öffentlichen Infrastruktureinrichtungen durch die Bereitstellung und Bewirtschaftung bedarfsgerechter Gebäude, Anlagen und Einrichtungen,
- Einhalten einer wirtschaftlichen Vorgehensweise und sparsamen Mittelverwendung „Gebot der Sparsamkeit",
- Sicherung der ständigen Verfügbarkeit der öffentlichen Gebäude. Vor allem bei der Planung und Durchführung von Umbau- und Modernisierungsmaßnahmen ist darauf zu achten, dass die Gebäude verfügbar sind, um die kommunalen Aufgaben zu erfüllen (z.B. Betrieb von Schulen),
- die Qualitätsanforderungen werden nach einheitlichen Standards festgelegt, um beispielsweise innerhalb einer Großstadt in allen Stadtteilen die gleichen baulichen Rahmenbedingungen zu schaffen,
- aufgrund der städtischen, historisch gewachsenen Struktur sind die Gebäudestandorte meist vorgegeben und nicht frei wählbar,
- in der Regel ist ein heterogener Gebäudebestand mit unterschiedlichen Nutzungsarten und Baualtersklassen vorhanden.

Die vorherrschende Baualtersklasse für bestimmte Nutzungsarten lässt sich anhand der Entwicklung des Bruttobauvermögens abschätzen. Das kommunale Bruttobauvermögen ist beispielsweise im Aufgabenbereich „Schulen und Kultur" von Anfang 1960 – 1980 von 61,5 auf 191,4 Mrd. DM (in Preisen von 1985) angewachsen. Der Zuwachs von 129,9 Mrd. DM in diesen Jahren entspricht einem Anteil von rund 60% am gesamten bis Anfang 1986 erfassten Bruttobauvermögen im Bereich „Schulen

---

[45] § 2, Abs. 2 MBO 2002.

und Kultur" von insgesamt 214,0 Mrd. DM.[46] Es ist somit davon auszugehen, dass heute ein großer Anteil von Schulgebäuden aus dieser Zeit stammt.

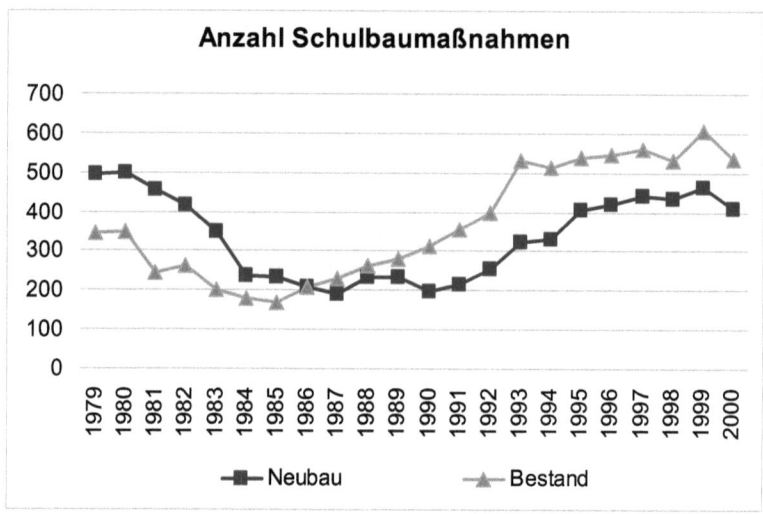

Abbildung 7: Neubau- und Bestandsmaßnahmen im Schulbau[47]

Die Anzahl der Schulneubauten ist seit dem Ende der 70er Jahre stark rückläufig. Erst Anfang der 90er Jahre wurden wieder mehr Neubauten errichtet. Die Anzahl der Bestandsmaßnahmen liegt jedoch seit Mitte der 80er Jahre über den Neubaumaßnahmen (vgl. Abbildung 7).

Auf der Grundlage von Erfahrungswerten aus der Altbaumodernisierung können den jeweiligen Baualtersklassen typische Merkmale und daraus resultierende Schadensbilder zugeordnet werden. Für Wohngebäudeaußenwände der 60er Jahre werden beispielsweise die folgenden Merkmale identifiziert: *„Unzureichender Wärmeschutz, Wärmebrücken durch Heizkörpernischen mit geringen Wandstärken, Durchfeuchtung von erdnahem Mauerwerk, Gefahr von Wärmebrücken durch Mischkonstruktion der Außenwand."*[48] Im Vergleich dazu weisen die Außenwände von Wohngebäuden der 70er Jahre, die in industrieller Bauweise gefertigt wurden, die folgenden Probleme auf: *„Statische Probleme bei eingehängten Balkonbrüstungen aus Betonfertigteilen, schadhafte Fugen zwischen den einzelnen Betonfertigelementen, mangelnde Wär-*

---

[46] Vgl. Reidenbach 1989, S. 42.
[47] Eigene Darstellung unter Verwendung von Wüstenrot Stiftung 2004, S. 41.
[48] Böhning 2007, S. 27.

2.4 Bauwerk und Technische Anlagen

medämmung bei bestimmten Außenwandkonstruktionen, mangelnder Feuchteschutz bei bestimmten (monolithischen) Außenwandkonstruktionen."[49]

Die Einführung und Fortschreibung der Wärmeschutzverordnungen in den 70er, 80er und 90er Jahren hat eine zunehmende Verbesserung der Wärmedämmung von Gebäuden bewirkt. Die energetische Qualität der Neubauten hat sich seitdem kontinuierlich verbessert und den Heizwärmebedarf von ursprünglich 250 kWh/m^2 × a auf 100 kWh/m^2 × a reduziert. Im Ergebnis einer Forschungsarbeit wurden folgende Bedarfswerte für den Wohngebäudebestand einer Großstadt ermittelt:

- Baualtersstufen bis 1977: mittlerer Heizwärmebedarf 250 kWh/m^2 × a,
- Wärmeschutzverordnung 1977: Heizwärmebedarf 160 kWh/ m^2 x a,
- Wärmeschutzverordnung 1984: Heizwärmebedarf 130 kWh/ m^2 x a,
- Wärmeschutzverordnung 1995: Heizwärmebedarf 100 kWh/ m^2 x a.[50]

Für die energetische Bewertung von Bestandsgebäuden ist es daher von Bedeutung, in welchem Jahr diese errichtet wurden bzw. wann die letzte umfassende Modernisierung durchgeführt wurde. Entsprechend der Wachstumskurve des Bruttobauvermögens wurden sehr viele Gebäude zwischen 1960 und 1980 oder früher errichtet (vor Einführung der Wärmeschutzverordnung). Somit ist die Modernisierung von Gebäuden dieser Gruppe als besonders vorteilhaft einzustufen. Die Einführung und Fortschreibung der Energieeinsparverordnungen (EnEV) seit 2002 hat die Anforderungen an die energetischen Gebäudestandards weiter erhöht. Außerdem ist eine Bewertung der Anlagentechnik hinzugekommen. Die Anlagentechnik umfasst die gesamte Technische Gebäudeausrüstung (TGA), die für die Raumkonditionierung und Warmwasserbereitung (Prozesswärme) erforderlich ist. Die wesentlichen drei Gliederungsbereiche der TGA sind *„Zentralen, Leitungen und Anlagenteile"*[51]. Im Rahmen der energetischen Bewertung werden entsprechend drei Untersuchungsbereiche definiert: *„Energieerzeugung, Energieverteilung und Energieübergabe"*[52].

Der Untersuchungsbereich **Energieerzeugung** umfasst die technischen Zentralen und Anlagen, die für die Beheizung, Kühlung, Lüftung, Klimatisierung, Beleuchtung und Warmwasserbereitung erforderlich sind. Im Bereich **Energieverteilung** werden sämtliche Leitungen untersucht, die zur vertikalen und horizontalen Verteilung der

---

[49] Böhning 2007, S. 30.
[50] Vgl. Wuppertal Institut 1996, S. 19 f.
[51] Pistohl 2005, S. H 2.
[52] BMVBS 2007, S. 34; Dena 2004, S. 9.

unterschiedlichen Energieformen vom Ort der Erzeugung bis zum Ort der Verwendung benötigt werden. Die energetische Bewertung der **Energieübergabe** befasst sich mit den Übertragungsflächen oder Übertragungsarten, mit denen die Übergabe an die Räume erfolgt. Im Rahmen der Berechnungsverfahren nach aktueller Energieeinsparverordnung (EnEV 2007) werden darüber hinaus Energiebedarfskennwerte in den Systemgrenzen Nutzenergie, Endenergie und Primärenergie bewertet. Die Anforderungen an die Bilanzierung werden in der DIN V 18599-1 wie folgt definiert: *„Der Endenergiebedarf ergibt sich aus dem Nutzenergiebedarf des Gebäudes und den technischen Verlusten für die Übergabe, Verteilung und Speicherung und den Verlusten der Energieerzeugung für die einzelnen Konditionierungsarten. Der Primärenergiebedarf wird aus dem Endenergiebedarf bestimmt, wobei die Endenergie je nach Energieträger mit Faktoren hinsichtlich ihrer Umweltwirksamkeit bewertet wird."*[53]

Gebäude bieten für die Aktivitäten der Gebäudenutzer die erforderlichen Flächen und Räume. Das Raum- und Funktionsprogramm wird im Rahmen der Gebäudeplanung auf den Nutzungsbedarf zugeschnitten. Außerdem sind Gebäude unter ästhetischen und soziokulturellen Aspekten zu betrachten und stellen nicht nur materielle, sondern auch wichtige baukulturelle Werte dar. Bei öffentlichen Gebäuden liefern in der Regel Renditebetrachtungen und Vermarktungsinteressen keinen Anlass für Modernisierungen. Außerdem führen die Anforderungen an die ständige Verfügbarkeit der öffentlichen Infrastruktureinrichtungen sowie das Gebot der Sparsamkeit und überlastete Haushalte dazu, dass kommunale Gebäude so lange wie möglich betrieben und genutzt werden, ohne in regelmäßigen Abständen systematisch Verbesserungsmöglichkeiten zu überprüfen. Die Folgen sind Beeinträchtigungen in der Nutzungsqualität und Mehrausgaben für den Betrieb veralteter Gebäude und Anlagen. Durch Modernisierung und Nutzung regenerativer Energie kann der Primärenergieverbrauch reduziert werden und es werden somit Entlastungen der kommunalen Haushalte und Verbesserungen für die Umwelt erzielt.

---

[53] DIN V 18599-1:2007-02: Energetische Bewertung von Gebäuden – Berechnung des Nutz-, End- und Primärenergiebedarfs für Heizung, Kühlung, Lüftung, Trinkwarmwasser und Beleuchtung – Teil 1: Allgemeine Bilanzierungsverfahren, Begriffe, Zonierung und Bewertung der Energieträger, S. 23.

3 Beschreibung und Auswertung vorhandener Methoden

3.1 Kennwertermittlung zur Identifikation von Einsparpotenzialen

3.1.1 Benchmarking mit Betriebskostenkennwerten

Unter Benchmarking mit Betriebskostenkennwerten wird die Gegenüberstellung vorhandener Betriebskostenkennwerte mit definierten Zielwerten einer Vergleichsgruppe verstanden. Zur systematischen Bewertung der Energieeffizienz müssen hierzu die energierelevanten Betriebskosten ausgewählt werden. Die Bewertung der Energieeffizienz kann mit dieser Methode nur in Relation zu den gewählten Zielwerten der Vergleichsgruppe vorgenommen werden. Eine Bestimmung der absoluten Vorteilhaftigkeit ist nicht möglich. Eine Verbesserung der Energieeffizienz durch Erreichen des Zielwerts innerhalb einer Vergleichsgruppe reizt jedoch nicht die maximal möglichen Verbesserungspotenziale aus. Das Benchmarking sollte deshalb mit anderen Methoden kombiniert werden.

Sagebiel erfasste in einer Studie in den 80er Jahren deutschlandweit Betriebskosten von kommunalen Schulen und wertete Betriebskostenkennwerte aus. Diese Betriebskostenkennwerte sollten für die Haushaltsplanung der Kommunen Verwendung finden. Im Ergebnis wurde von 1.000 versendeten Fragebögen ein Rücklauf von 119 ausgefüllten Fragenbögen erreicht. Diese waren teilweise unvollständig oder Fehler behaftet, so dass schließlich nur 73 Fragebögen in die Auswertung eingeflossen sind.[54] Die Studie führt als Ursachen für die hohe Fehlerquote und den geringen Rücklauf an, dass in den Kommunen wesentliche Voraussetzungen für die Datenerhebung fehlen. Erforderliche Gebäudekenndaten, wie beispielsweise die Bruttogrundfläche (BGF), lägen nicht vor oder seien mangelhaft. Außerdem wird angegeben, dass Verbrauchsmengen nicht regelmäßig erhoben werden und keine Aufbereitung für Vergleichszwecke erfolgt. Zur Verbesserung der Situation regt Sagebiel an, durch die Schulträger Objektdokumentationen der Schulgebäude mit den wesentlichen Größen und Kennwerten zu erstellen. Außerdem sollen objektspezifische Verbrauchserfassungen vorgenommen und zentral dokumentiert werden. Auf dieser Basis wäre dann die Berechnung von Energiekennzahlen möglich. Die Energiekennzahlen sollen auch dazu verwendet werden, energetische Sanierungsmaßnahmen zu entwickeln und die Umsetzung zu priorisieren. Die Energiekennzahlen sollen jeweils

---

[54] Vgl. Sagebiel 1991, S. 5 – 10.

auf ein Objekt bezogen werden und somit gebäudeabhängige Einflussfaktoren beinhalten. Als gebäudeabhängige Einflussfaktoren werden die Gebäudegröße, Gebäudeform, das Baualter, die Bauweise, Materialeigenschaften und bereits durchgeführte Sanierungs- oder Instandsetzungsmaßnahmen, z.B. an Heizanlagen oder Fassaden genannt. Zur Strukturierung der Baunutzungskostenerfassung wurde die „DIN 18960: Baunutzungskosten im Hochbau" verwendet. Auf der Grundlage der durchgeführten Studie werden ein Energieverbrauch für Wärme, Kälte und Strom von 250 bis 300 $kWh/m^2 \times a$ als üblich und Energieverbrauchszahlen von 100 bis 150 $kWh/m^2 \times a$ als erzielbar bezeichnet.[55] Das aus damaliger Sicht prognostizierte Einsparpotenzial betrug 30 %.[56] Als Grundlage für die Datenerfassung wurden zwei separate Fragebögen: „Gebäudekenndaten" und „Betriebskosten und Verbrauchswerte" verwendet. Die Auswertungsergebnisse wurden, nach Schularten gegliedert, in jeweils zehn handschriftlich ausgefüllten Übersichtstabellen dokumentiert.[57]

Die laufenden Energiekosten für die Bewirtschaftung von Gebäuden werden von zahlreichen Einflussfaktoren geprägt. Der reine Kostenvergleich ist für die Ableitung konkreter Verbesserungsmöglichkeiten wenig aussagekräftig. Es ist erforderlich, die Vergleichsgruppen möglichst genau zu beschreiben und über die Gebäudenutzung hinausgehende Kategorien zu bilden. Problematisch in der Anwendung für kommunale Immobilien ist die eingeschränkte Verfügbarkeit von Betriebskostenvergleichskennwerten. In der kommunalen Gebäudewirtschaft werden eigene Erfassungs- und Abrechnungsmechanismen angewendet. Eine Vergleichbarkeit mit privatwirtschaftlich erhobenen Betriebskosten ist daher nicht immer möglich: In den Kommunen fehlt beispielsweise eine objekt- oder nutzungsbereichsspezifische Erfassung und Abrechnung. Häufig werden Liegenschaften mit mehreren teilweise unterschiedlich genutzten Gebäuden komplett erfasst und abgerechnet. Die Kosten für den Energieverbrauch werden nicht nach Nutzungsarten getrennt abgerechnet, Energiemengen für die Warmwasserbereitung und Heizkosten werden beispielsweise nicht differenziert erfasst, weil die erforderlichen Zählereinheiten in den Objekten fehlen. Die zunehmende Umsetzung der Kosten-Leistungsrechnung verspricht eine verbesserte Grundlage für kommunale Betriebskostenkennwerte. Außerdem werden in Public Private Partnership (PPP) Projekten Betriebskosten für die privatwirtschaftlich betriebene kommunale Infrastruktur erhoben. Mit neuen kommunalen Organisationsmodellen – wie beispielsweise dem „Mieter-Vermieter-Modell" – wird ein Umdenken in der

---

[55] Vgl. Kapitel 2.4: Der Jahresheizwärmebedarf wurde nach Einführung der 3. Wärmeschutzverordnung 1995 von ursprünglich 250 $kWh/m^2 \times a$ (Mittelwert der Baualtersklassen bis 1977) auf 100 $kWh/m^2 \times a$ reduziert.
[56] Vgl. Sagebiel 1991, S. 20 f.
[57] Vgl. Sagebiel 1991, S. 24 – 73 und Anhang.

Erfassung und Abrechnung von Betriebskosten angestrebt. Aus diesen Gründen wird zukünftig eine verbesserte Ausgangssituation für das Benchmarking mit Betriebskosten im kommunalen Bereich erwartet.[58]

3.1.2 Benchmarking mit Energiekennwerten

Das Benchmarking mit Energiekennwerten wird angewendet, um die vorhandene energetische Qualität von Gebäuden zu der wirtschaftlich erreichbaren Qualität vergleichbarer neuer oder sanierter Gebäude in Relation zu setzen. Je näher das untersuchte Gebäude an die Referenz- oder Vergleichskennwerte herankommt oder diese übertrifft, desto besser wird dessen Energieeffizienz eingeschätzt. Der Qualitätsvergleich kann entweder auf der Basis von Energiebedarfskennwerten oder Energieverbrauchskennwerten durchgeführt werden.

Der Verein Deutscher Ingenieure (VDI) befasst sich seit vielen Jahren mit der Wirtschaftlichkeit von Technischen Anlagen.[59] Ein aktueller Arbeitsschwerpunkt ist die Bewertung und Verbesserung der Energieeffizienz von Gebäuden. Hierzu wurde die VDI Richtlinie 3807 weiterentwickelt. Im Blatt 1 dieser Richtlinie werden Grundlagen zu Energie- und Wasserverbrauchskennwerten für Gebäude behandelt.[60] Mit dem Blatt 2 werden Energieverbrauchskennwerte für Gebäude, insbesondere Heizenergie- und Stromverbrauchskennwerte, dokumentiert.[61]

In der VDI 3807, Blatt 1 werden „*Bedarfskennwerte*" und „*Verbrauchskennwerte*" unterschieden. Bedarfskennwerte werden in der Planungsphase beispielsweise für folgende Anwendungen verwendet:

- *„Als Richtwerte und Vorgabe für Planungen von Neu- und Umbauten sowie für Modernisierungsvorhaben,*
- *als Mittel zur Berechnung/Abschätzung von Betriebs- und Baunutzungskosten,*
- *als Mittel zur Berechnung/Abschätzung von Energie- und Stoffströmen zur ökologischen Bewertung,*
- *als Entscheidungsgrundlage für Optimierungsmaßnahmen,*
- *als Grundlage für die Beschreibung und Beurteilung der energetischen Qualität,*

---

[58] Vortrag von Elke Großenbacher (Referentin der Kommunalen Gemeinschaftsstelle für Verwaltungsmanagement (KGST), Fachhochschule Frankfurt am Main, 2008.
[59] Vgl. Schelle 1992, Anhang 3, S. 108: VDI 2067, Blatt 1: Berechnung der Kosten von Wärmeversorgungsanlagen, betriebstechnische und wirtschaftliche Grundlagen.
[60] Vgl. VDI 3807, Blatt 1: Energie- und Verbrauchskennwerte für Gebäude – Grundlagen, März 2007.
[61] Vgl. VDI 3807, Blatt 2: Energieverbrauchskennwerte für Gebäude, Heizenergie- und Stromverbrauchskennwerte, Juni 1998.

- *als Grundlage für die Ermittlung von Sollgrößen für die Überwachung der Nutzungsphase (Controlling).*[62]

Die Ermittlung und Verwendung von Bedarfskennwerten erfolgt somit vorwiegend im Rahmen der Planungsphase von Gebäuden und Anlagen. Die Ermittlung von Kennwerten auf Basis des erfassten Verbrauchs ist dem Aufgabenbereich des technischen Gebäudemanagements zuzuordnen. Nach VDI 3807-Blatt 1 werden Verbrauchskennwerte in der Betriebsphase für folgende Anwendungen verwendet:

- *„Als Ausgangswert für eine Beurteilung des Energie- und Wasserverbrauchs von Gebäuden,*
- *beim Vergleich von Gebäuden gleicher Art und gleicher Nutzung,*
- *beim periodischen Beurteilen des realen Verbrauchs- und Nutzerverhaltens,*
- *als Instrument der Betriebsführung und Überwachung (Controlling),*
- *als Entscheidungsgrundlage und Erfolgsnachweis für Einsparmaßnahmen,*
- *als Grundlage für eine ökonomische Bewertung der laufenden Betriebs- und Baunutzungskosten,*
- *als Grundlage für eine ökologische Bewertung der Ressourceninanspruchnahme und resultierenden Umweltbelastung,*
- *als Grundlage für die Beschreibung und Beurteilung der energetischen Qualität,*
- *als Grundlage für die (empirische) Erarbeitung von Soll-Größen."*[63]

Den Verbrauchskennwerten wird vom VDI in Bezug auf die Gesamtenergieeffizienz von Gebäuden eine tragende Rolle zugeschrieben: *„Energieverbrauchskennwerte bilden die Grundlage für die Beschreibung und Beurteilung der tatsächlichen Gesamtenergieeffizienz eines Gebäudes."*[64] In dieser Ansicht weicht der VDI von den Festlegungen der DIN V 18599-1:2007-2 ab, die für die Bewertung der Energieeffizienz alternativ die Verwendung von Bedarfskennwertvergleichen oder von Verbrauchskennwertvergleichen festlegt.[65] Somit unterscheidet sich auch die Methodik des VDI, die bei der systematischen Erfassung und Auswertung des Energieverbrauchs auf der Stufe der Endenergie ansetzt. Übereinstimmung besteht darin, dass die Beurteilung der Gesamtenergieeffizienz von Gebäuden den Anteil regenerativ erzeugter Energie getrennt berücksichtigen muss und eine zusammenfassende Beurteilung auf der Ebene der Endenergie nicht möglich ist. Es ist daher die Um-

---

[62] VDI 3807, Blatt 1, 2007, S. 7.
[63] VDI 3807, Blatt 1, 2007, S. 7.
[64] VDI 3807, Blatt 1, 2007, S. 8.
[65] Vgl. DIN V 18599-1:2007-02 S. 12.

rechnung in Primärenergie vorgesehen, um einen *„einzigen numerischen Indikator (Einzahlenwert)"* zu erhalten.[66]

Die Ermittlung von Verbrauchskennwerten für den Heizenergieverbrauch von Gebäuden umfasst unter Verwendung der VDI 3807-Methodik die folgenden Arbeitsschritte:

- Jahresverbrauch fünf Jahre erfassen,
- Energieträgermenge in kWh/a umrechnen,
- Klimabereinigung durchführen,
- Standortbereinigung durchführen,
- Bezugsfläche bereinigen,
- Kennwert berechnen.

Zur Kennwertbildung werden Jahresverbrauchsangaben (kWh/a) über einen Betrachtungszeitraum von fünf Jahren zugrunde gelegt. Liegt der Verbrauch nur als Mengenangabe des verwendeten Heizenergieträgers vor, erfolgt zunächst eine Umrechnung der Energieträgermenge (z.B. m^3 Gas, l Öl, kg Holzpellets) in die erzeugbare Wärmeenergie (kWh) unter Verwendung der Umrechnungstabelle: *„Mengeneinheiten und Heizwerte (Energieinhalte) von Energieträgern"*[67]. Der objektspezifische Heizenergieverbrauch spiegelt die klimatischen und standortspezifischen Bedingungen wider und muss zur überregionalen Vergleichbarkeit bereinigt werden. Dies erfolgt unter Verwendung der Tabellen: *„Klimatische Daten und Gradtage 1950 – 1970"*[68]. Aktuellere standortspezifische Klimadaten sind beim Deutschen Wetterdienst als Gradtagzahlen (GTZ) erhältlich. Die Differenz von Außen- und Innentemperatur wirkt sich auf die Höhe des Heizenergieverbrauchs aus. Beispielhaft sind die Schwankungen der mittleren Außentemperaturen eines Standortes in einem Betrachtungszeitraum von drei Jahren in der folgenden Abbildung dargestellt. Die Gradtagzahlen werden in der Einheit Kelvin day (Kd) angegeben.

---

[66] Vgl. VDI 3807, Blatt 1, S. 9.
[67] VDI 3807, Blatt 1, Tabelle 2, S. 12.
[68] VDI 3807-Blatt 1, Anhang A, Tabellen A1 bis A 13.

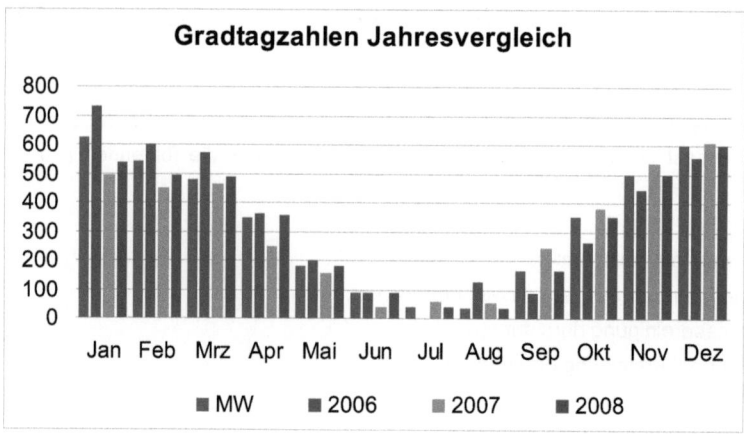

Abbildung 8: Gradtagzahlen eines Standortes im Jahresvergleich[69]

Der von den Temperaturunterschieden der jährlichen Heizperioden bereinigte Jahresverbrauch des Gesamtgebäudes (kWh/a) wird auf eine vergleichbare Bezugsflächeneinheit umgelegt. Als Bezugsfläche wird in der Regel die beheizte Bruttogrundfläche (BGF_E) verwendet. Die Flächenermittlung erfolgt auf Basis der Bestandsdokumentation und ergänzender Ortsbegehungen zur Festlegung des beheizten Gebäudebereichs. Im Ergebnis liegt ein bereinigter Heizenergieverbrauchskennwert vor (kWh/m² BGF_E x a).

Zur Grobeinschätzung von Heizkosteneinsparpotenzialen werden die objektspezifischen Heizenergieverbrauchskennwerte (kWh/m² BGF_E x a) den Vergleichswerten der VDI 3807, Blatt 1 gegenübergestellt. Voraussetzung für den Kennwertvergleich ist eine Zuordnung der Gebäude zu vergleichbaren Gruppen. Die Vergleichsgruppenbildung erfolgt anhand des Bauwerkszuordnungskatalogs (BWZK) nach VDI 3807, Blatt 1. Vergleichsgruppenkennwerte sind in VDI 3807 verfügbar. Die Forschungsgesellschaft „Ages GmbH" veröffentlichte im Jahr 2008 aktuellere Kennwerte im Rahmen des „Verbrauchskennwertberichts 2005".[70] Die Differenz aus Heizenergieverbrauchskennwert und zugeordnetem Vergleichskennwert ermöglicht die Grobeinschätzung von Energieeinsparpotenzialen. Diese Grobeinschätzung wird in der Regel dazu verwendet, die untersuchten Gebäude hinsichtlich der Höhe des je-

---

[69] Gradtagzahlen (GTZ 20/15), d.h. 20°C Innentemperatur und 15°C Außentemperatur als zugrunde liegende Heizgrenztemperatur, Standort Augsburg-Muehlhausen, Mittelwerte von 1991 – 2000. Eigene Darstellung unter Verwendung von www.dwd.de, Abfrage 31.07.2008.
[69] Vgl. Ages 2008.

weiligen Energieverbrauchs zu reihen. Ziel der Reihung ist es, die Gebäude zu ermitteln, bei denen eine genauere Untersuchung von Einsparpotenzialen besonders lohnenswert ist.

Die kommunale Datenerhebung und Auswertung für den Ages-Verbrauchskennwertbericht 2005 stellt eine Fortschreibung der Verbrauchskennwertberichte aus den Jahren 1996 und 1999 dar. Die Datenerfassung und Auswertung wurde auf der Grundlage der Methode nach VDI Richtlinie 3807, Blatt 1 durchgeführt. Die Verbrauchskennwerte können gemäß Ages dazu verwendet werden, um

- das energetische Verhalten eines Gebäudes zu beurteilen,
- eine Prioritätenliste für die Sanierung innerhalb eines größeren Gebäudebestandes aufzustellen,
- den Energieverbrauch bestehender Gebäude zu kontrollieren,
- den Nachweis von Energie- und Kosteneinsparungen nach erfolgten Sanierungsmaßnahmen zu erbringen und
- den Energieverbrauch von geplanten Neubauten grob zu beurteilen.[71]

Für die Datenerfassung und Auswertung wurden eine Datenbank und entsprechende Auswertungssoftware entwickelt. Es wurden insgesamt 25.000 Nichtwohngebäude analysiert und in diesem Rahmen 45.000 Verbrauchsdaten als Verbrauchskennwerte für Wärme, Strom und Wasser ausgewertet. Darüber hinaus wurde auf Basis von rund 120.000 Datensätzen der Wärmeverbrauch von Mehrfamilienhäusern analysiert.[72] Der Verbrauchskennwertbericht wurde unter der Verwendung von Gebäude- und Verbrauchsdaten folgender Herkunft erstellt:

- Kommunale öffentliche Gebäude, in denen das Energiebewirtschaftungsprogramm EKOMM eingesetzt wird,
- Liegenschaften im Zuständigkeitsbereich von sonstigen Kommunen, Kreisen, Bund und Bundesländern,
- Energieversorgungsunternehmen,
- Energiedienstleistungsunternehmen sowie
- Liegenschaften aus anderweitigen Untersuchungen.[73]

---

[71] Vgl. Ages 2008, S. 2.
[72] Vgl. Ages 2008, S. 1.
[73] Vgl. Ages 2008, S. 4.

Gegenüber der Forschungsarbeit von Sagebiel[74] haben sich die technologischen Rahmenbedingungen grundlegend geändert. Ende der 80er Jahre wurden die Fragebögen noch per Post verschickt und die Auswertungsergebnisse handschriftlich dokumentiert. Knapp 20 Jahre später setzt die Ages leistungsstarke Datenbanken und spezielle Software für die Erfassung und Auswertung der Verbrauchsdaten ein. Für die Verbrauchsdatenerfassung wird beispielsweise das Energiebewirtschaftungsprogramm EKOMM eingesetzt. Es werden jedoch immer noch Probleme mit der einheitlichen Angabe der Bezugsflächen festgestellt. Die Flächen wurden überwiegend als Bruttogrundfläche (BGF) angegeben. Nur von den Kommunen wurden die Flächen zu 23 % als Nettogrundfläche (NGF) und 11 % als Nutzfläche (NF) angegeben.[75]

3.2 Energetische Bewertung nach Energieeinsparverordnung

3.2.1 Allgemeine Beschreibung der Bewertungsverfahren

Eine Grundlage zur Bestimmung der Energieeffizienz von Gebäuden ist die Vorstellung des Gebäudes als thermodynamisches System. Die Gebäudehülle stellt die Systemgrenze dar. Diese wird grob von den Bauteilen Dach, Fassade und Bodenplatte umfasst (Wärmeübertragende Umfassungsfläche, Hüllfläche). Die wesentlichen Energieströme, die diese Grenze überschreiten, werden bilanziert.[76] Diese Annahme liegt den Berechnungsverfahren der Energieeinsparverordnung zur Ermittlung des Heizwärmebedarfs zugrunde. Zielsetzung ist es, die Einhaltung energetischer Qualitätsstandards auf Basis der Gebäudeneubau- oder Umbauplanung nachzuweisen. Die Verbesserung der Energieeffizienz von Gebäuden soll eine Reduzierung des Verbrauchs von nicht nachwachsenden Energieträgern (z.B. Öl, Gas) bewirken. Die anteilige Nutzung regenerativer und regional verfügbarer Energien (z.B. Solarenergie, Holz) soll erhöht werden. Der Anwendungsbereich der Energieeinsparverordnung unterscheidet zwischen den Anforderungen für neu zu errichtende Gebäude und den Anforderungen für Änderungen an vorhandenen Gebäuden. Außerdem wird zwischen Wohngebäuden und Nichtwohngebäuden unterschieden.

Bei Nichtwohngebäuden sind die Berechnungsverfahren der DIN V 18599-1-10 zur Ermittlung des Energiebedarfs zu verwenden. Die Energiebedarfsermittlung umfasst die Bereiche: Heizung, Kühlung, Lüftung, Trinkwarmwasser und Beleuchtung. Ein wesentlicher Bestandteil der Energiebedarfsermittlung bezieht sich dabei auf die Be-

---

[74] Vgl. Sagebiel 1991.
[75] Vgl. Ages 2008, S. 6.
[76] Vgl. Krimmling 2007, S. 35.

rechnung des Heizwärmebedarfs (Nutzenergiebedarf für die Raumheizung). Der Heizwärmebedarf gibt an, welche Energiemenge in den genutzten Räumen benötigt wird, um im Winter die geforderte Innentemperatur zu erhalten. Der Heizwärmebedarf ist eine Gebäudeeigenschaft, die unter normierten Bedingungen ermittelt wird. Die Ermittlung wird für das gesamte Gebäude, einzelne Nutzungsbereiche (Zonen) oder Räume durchgeführt. Für Nichtwohngebäude ist eine zonenweise Ermittlung vorgeschrieben. Unter bestimmten Bedingungen (z.B. einheitliche Nutzungsart des Gebäudes) kann vereinfachend ein Einzonenmodell angenommen werden. Der nach vorgegebenen normierten Rahmenbedingungen (z.B. Annahme statischer Temperaturverhältnisse) ermittelte Heizwärmebedarf stimmt mit dem real erfassbaren Energieverbrauch nicht überein.[77] Die fehlende Vergleichbarkeit ist durch die im Rahmen der Berechnungsverfahren getroffenen vereinfachenden Annahmen und Systemgrenzen begründet.

3.2.2 Heizperiodenverfahren und Monatsbilanzverfahren

Die Ermittlung des Heizwärmebedarfs erfolgt alternativ nach dem „*Heizperiodenverfahren*" oder nach dem „*Monatsbilanzverfahren*". Für Nichtwohngebäude ist nach EnEV 2007 die Anwendung des Monatsbilanzverfahrens vorgeschrieben.[78] Im Monatsbilanzverfahren werden Wärmegewinne und Wärmeverluste anhand monatlicher Mittelwerte bilanziert. Im Heizperiodenverfahren werden die Bilanzen auf Basis statischer Annahmen für die gesamte Heizperiode erstellt. Wärmegewinne resultieren aus internen Wärmegewinnen bzw. aus inneren Wärmequellen, z.B. Personen, elektrische Geräte. Als Wärmegewinn wird außerdem der solare Wärmeeintrag durch Sonneneinstrahlung über die Fensterflächen berücksichtigt. Wärmeverluste entstehen vor allem durch die Wärmeabgabe über die Gebäudehülle (Transmissionswärmeverlust bzw. Transmissionswärmesenke) und durch den Lüftungswärmeverlust. Der Lüftungswärmeverlust entsteht kontrolliert über den für die Gewährleistung frischer Atemluft im Gebäudeinneren erforderlichen Luftwechsel und unkontrolliert über Undichtigkeiten der Gebäudehülle. Beim Heizperiodenverfahren werden Standardklimadaten für die Heizperiodenbilanz verwendet (z.B. Heizgrenztemperatur 10°C = 185 Heiztage, Heizgrenztemperatur 12°C = 220 Tage lange Heizperiode und Heizgrenztemperatur 15°C = 275 Heiztage pro Jahr).[79] Zusammenfassend ist das Heizperiodenverfahren wie folgt gekennzeichnet:

- Berücksichtigung einer fest definierten Heizperiode,

---

[77] Vgl. BMVBS 2007, S. 148: „Verbrauchswerte weichen im allgemeinen von Bedarfswerten ab."
[78] Vgl. BMVBS 2007, S. 43 unter Bezugnahme auf DIN V 18599-2: Nutzenergiebedarf für Heizen und Kühlen von Gebäudezonen.
[79] Vgl. Dena 2004, S. 16.

- fehlende Erfassung und Auswertung der Solargewinne von Wintergärten, opaken Bauteilen und transparenter Wärmedämmung,
- maschinelle Lüftungsanlagen mit oder ohne Wärmerückgewinnung werden nicht berücksichtigt,
- für interne Wärmegewinne wird ein pauschaler Ansatz berechnet und
- das Speichervermögen massiver Bauteile wird nicht berücksichtigt.[80]

Aufgrund der unterschiedlichen Nutzungsanforderungen und Nutzungszeiten von Nichtwohngebäuden wird für die Bilanzierung dieser Gebäudegruppe das Monatsbilanzverfahren verwendet. Für jeden Monat ist ein durchschnittlicher Tag zu definieren. Die an diesem Tag bestimmten Innen- und Außenraumtemperaturen sind maßgeblich für die Ermittlung von Wärmequellen und Wärmesenken. Die so ermittelten Werte des mittleren Tages werden mit der Anzahl von Tagen des Monats multipliziert. Es ist vorgesehen, dass abweichende Nutzungen, z.B. Wochenendbelegung, ebenfalls anhand von mittleren Tageswerten erfasst und auf den entsprechenden Anteil von Tagen des Monats, an denen diese Bedingungen gültig sind, hochgerechnet werden. Diese Vorgehensweise verursacht einen sehr hohen Rechenaufwand, der ohne entsprechende EDV-Unterstützung nicht zu bewältigen ist. Zusammenfassend ist das Monatsbilanzverfahren gekennzeichnet durch:

- die monatsweise Bilanzierung der Wärmequellen und Wärmesenken,
- die Berücksichtigung der passiven Solargewinne opaker Bauteile, von Bauteilen mit transparenter Wärmedämmung und Wintergärten,
- Berücksichtigung von maschinellen Lüftungsanlagen mit und ohne Wärmerückgewinnung,
- die individuelle Berechnung der internen Wärmegewinne und
- die Berücksichtigung des Speichervermögens des Gebäudes.[81]

3.2.3 Internationalisierung der Formelzeichen

Die Ermittlung des Heizwärmebedarfs erfolgte bis zum Inkrafttreten der neuen Energieeinsparverordnung (EnEV 2007) unter Verwendung der folgenden Formel:

---

[80] Vgl. Hirschberg 2008, S. 55 – 59.
[81] Vgl. Hirschberg 2008, S. 55.

3.2 Energetische Bewertung nach Energieeinsparverordnung

Formel 1: Heizwärmebedarfsermittlung nach EnEV 2002[82]

$$Q_H = Q_L - \eta_G * (Q_I + Q_S) \quad \text{(kWh/a)}$$

Q_H Heizwärmebedarf

Q_L Wärmeverluste, L = engl. losses (Transmission und Lüftung)

η_G Ausnutzungsgrad der solaren Q_S und inneren Gewinne Q_I (Berücksichtigung des Energiedurchlassgrades der Verglasung, Fensterrahmenanteil, Verschattung etc., der vereinfachte Standardwert beträgt 0,95)

Das Formelzeichen Q symbolisiert die Wärme. Für die Umrechnung der Einheiten ist folgender Zusammenhang zu berücksichtigen: „Energie (E), Arbeit (W) und Wärme (Q) sind äquivalente Größen. Die Einheit ist das Joule (J). Ein Joule ist die Arbeit, die verrichtet wird, wenn ein Körper mit der Kraft von 1 Newton (N) in Richtung der Kraft um 1 Meter (m) verschoben wird: 1 J= 1Nm= 1 Ws."[83]

Die Bilanzierung der Gebäudezonen von Nichtwohngebäuden erfolgt nach der aktuellen Energieeinsparverordnung (EnEV 2007) unter Verwendung des Verfahrens der DIN 18599-1:2007-02. Gegenüber dem bisher gängigen Berechnungsverfahren nach DIN 4108-6 (vgl. Formel 1) hat sich vor allem die Benennung von Formelzeichen entsprechend der internationalen Standardisierung verändert. Der Nutzwärmebedarf (Heizwärmebedarf) in der Gebäudezone wird nach folgender Formel berechnet:

Formel 2: Heizwärmebedarfsermittlung nach EnEV 2007[84]

$$Q_{h,b} = Q_{\sin k} - \eta * Q_{source} \quad \text{(kWh/a)[85]}$$

$Q_{h,b}$ Bilanzierter Nutzwärmebedarf/Heizwärmebedarf in der Gebäudezone, Q = Wärme, h = Heizsystem (heating system), b = Nutzenergie (building energy use), entspricht beim Einzonenmodell dem Heizwärmebedarf des Gebäudes

---

[82] Dena 2004, S. 7.
[83] Krimmling 2007, S. 276.
[84] Vgl. DIN V 18599-1:2007-02, S. 28.

Q_{sink} Summe aller Wärmesenken (engl.= heat sinks) in der Gebäudezone

Q_{source} Summe aller Wärmequellen (engl. = heat sources) in der Gebäudezone

η Ausnutzungsgrad der Wärmequellen

3.2.4 Energiebedarfsausweise und Energieverbrauchsausweise

Die Energieeinsparverordnung (EnEV) verpflichtet Eigentümer von öffentlichen Gebäuden mit mehr als 1.000 Quadratmetern Nutzfläche, Energieausweise gut sichtbar auszuhängen.[86] Die Ausstellung der Energieausweise für Nichtwohngebäude soll nach zwei vorgegebenen Mustern erfolgen:[87] Der Eigentümer kann wählen, ob ein „Energieausweis auf der Grundlage des Energiebedarfs" oder ein „Energieausweis auf der Grundlage des Energieverbrauchs" erstellt und aushängt wird.[88]

Im Energiebedarfsausweis wird die „Gesamtenergieeffizienz" als Primärenergiebedarfskennwert angegeben. Dieser umfasst den berechneten Jahresenergiebedarf für die Bereiche: Gebäudekühlung einschließlich Befeuchtung, Lüftung, eingebaute Beleuchtung, Warmwasser und Heizung. Der Jahresenergiebedarf wird auf die Gebäudenutzfläche bezogen als vergleichbarer gebäudespezifischer Kennwert angegeben (kWh/m^2 × a). Neben dem Primärenergiebedarf (Gesamtenergieeffizienz) werden auch der Endenergiebedarf und der Nutzenergiebedarf angegeben.[89] Diese Gliederung entspricht den definierten Systemgrenzen der energetischen Bilanzierung:

- Primärenergieenergiebedarf: Nicht erneuerbare und regenerative Energien inklusive Gewinnungs-, Umwandlungs- und Transportverlusten,
- Endenergiebedarf: Verschiedene Energieträger inklusive Hilfsenergie und Verlusten bei der Wärmeerzeugung, Wärmespeicherung und Verteilung im Gebäude,

---

[85] Die übliche Einheit für den „bilanzierten Heizwärmebedarf der Gebäudezone"(Qh,b) wird in DIN V 18599-2:2007-02, S. 15 mit Wh, kWh angegeben.
[86] Vgl. § 16 Abs. 3 EnEV 2007.
[87] Vgl. EnEV 2007, Anlage 7.
[88] Vgl. EnEV 2007, Anlage 8 und 9.
[89] Vgl. EnEV 2007, Anlage 8 (zu § 16): Muster Aushang Energieausweis auf der Grundlage des Energiebedarfs.

- Nutzwärmebedarf: Wärmebedarf für Heizung und Warmwasserversorgung abzüglich des Anteils für solare und innere Wärmegewinne. Ermittlung unter Berücksichtigung der Transmissions- und Lüftungswärmeverluste.[90]

Im Energieverbrauchsausweis werden zwei Kennwerte angegeben: der Heizenergieverbrauchskennwert ($kWh/m^2 \times a$) und der Stromverbrauchskennwert ($kWh/m^2 \times a$). Außerdem ist darzustellen, ob der Heizenergieverbrauchskennwert den Energieverbrauch für die Warmwasserbereitung enthält. Zum Stromverbrauchskennwert ist anzugeben, welche Verbrauchsarten erfasst sind. Zur Auswahl stehen: Heizung, Warmwasser, Lüftung, eingebaute Beleuchtung, Kühlung und Sonstiges.[91] Grundlage für die Verbrauchskennwertermittlung ist der bereinigte Jahresenergieverbrauch eines dreijährigen Erfassungszeitraums. Die Verbrauchskennwerte sind somit grob in die Systemgrenze des „Endenergiebedarfs" einzuordnen. Die Kennwerte des Energiebedarfsausweises und des Energieverbrauchsausweises sind jedoch nicht vergleichbar, da über die unterschiedlichen Systemgrenzen hinaus auch unterschiedliche Einflussfaktoren für die Ermittlung berücksichtigt werden.

Die vorgesehene Verpflichtung zur Ausstellung von Energieausweisen hat vor dem Inkrafttreten der neuen Energieeinsparverordnung (EnEV 2007) dazu geführt, dass Vor- und Nachteile beider Varianten vielfach diskutiert wurden.[92] Nachdem keine Einigung erreicht wurde, hat man sich entschieden, dem Anwender die Wahl zu überlassen. Die Vergleichbarkeit der Energieeffizienz von Gebäuden wird damit für die Öffentlichkeit, die mit dem technischen Hintergrund und der unterschiedlichen Aussagekraft der beiden Varianten nicht vertraut ist, sehr erschwert. Die wesentlichen Vor- und Nachteile beider Energieausweisvarianten lassen sich wie folgt zusammenfassen.

Vorteile Energieverbrauchsausweis:

- Einfach zu erstellen und
- die Verbrauchssituation von Gebäude und aktueller Nutzung wird widergespiegelt und ermöglicht den Nutzern (z.B. Stadtverwaltung, Publikumsverkehr) eine gute Einschätzung der Ist-Situation.

Nachteile Energieverbrauchsausweis:

---

[90] Vgl. Dena 2004, S. 5 und DIN V 18599-1: 2007-02, S. 23.
[91] Vgl. EnEV 2007, Anlage 9 (zu § 16): Muster Aushang Energieausweis auf der Grundlage des Energieverbrauchs.
[92] Vgl. Krimmling 2007, S. 266.

3 Beschreibung und Auswertung vorhandener Methoden

- Für die Beurteilung durch Dritte fehlt die Transparenz, da Einflussfaktoren nicht analysiert werden (z.B. Belegungsgrad des Gebäudes, Nutzungsarten, Zustand des Gebäudes und der Anlagentechnik, Klimafaktoren etc.).
- Zur Konzeption von energetischen Verbesserungsmaßnahmen ist er nicht geeignet, z.B. Modernisierungsmaßnahmen für Gebäude und Anlagen.
- Beim Vergleich der Energieverbrauchskennwerte ist zu berücksichtigen, dass diese den im dreijährigen Betrachtungszeitraum erfassten Verbrauch für das Gesamtsystem aus Gebäudenutzung in der Wechselwirkung mit den Standortbedingungen, baulichen, technischen und organisatorischen Rahmenbedingungen widerspiegeln.
- Der tatsächliche Verbrauch kann von den veröffentlichten Verbrauchskennwerten aufgrund sich im Rahmen der zehnjährigen Gültigkeit des Energieausweises verändernder Einflussfaktoren erheblich abweichen, wenn beispielsweise Leerstand, Nutzungsänderungen, Störungen der Technischen Anlagen, Auswirkung witterungsbedingter Schwankungen auf die Betriebsweise von Heizung und Kühlung auftreten.

Vorteile Energiebedarfsausweis:

- Energieeffizienz des Gebäudes wird transparent und vergleichbar dargestellt.
- Wesentliche Grundlage für die Energiebedarfsermittlung ist der Gebäudebestand und die technische Ausstattung. Der Energiebedarfskennwert verliert somit erst bei baulichen oder technischen Änderungen an Aktualität und ist über einen längeren Zeitraum aussagekräftig.
- Energetische Verbesserungsmaßnahmen können abgeleitet werden. Die Auswirkungen der Maßnahmen können vorausschauend bewertet und beispielsweise Modernisierungsvarianten verglichen werden.

Nachteile Energiebedarfsausweis:

- Der ermittelte Energiebedarf kann vom tatsächlichen Verbrauch erheblich abweichen.
- Der ausgewiesene Primärenergiebedarfskennwert stellt eine abstrakte Größe dar und ist für die Allgemeinheit (z.B. typische Nutzer von öffentlichen Gebäuden) erklärungsbedürftig bzw. nur von Fachleuten richtig interpretierbar.

- Die Ermittlung des Energiebedarfs ist mit sehr hohem Zeit- und Arbeitsaufwand verbunden und kann nur von entsprechend qualifizierten und berechtigten Fachleuten ausgeführt werden.[93]
- Das zugrunde liegende Berechnungsverfahren ist auf die Bewertung von Neubauplanungen ausgelegt. Im Gegensatz zur Energiebedarfsermittlung in der Planungsphase müssen für die Bewertung von Bestandsgebäuden die erforderlichen Informationen erst zusammengetragen und aktualisiert werden.[94]

3.2.5 Energiebedarfsermittlung im Nichtwohnungsbaubestand

Das Berechnungsverfahren für Nichtwohngebäude ist wesentlich komplexer als das Berechnungsverfahren für Wohngebäude. Die Erstellung von Energiebedarfsausweisen erfordert eine Berechnung des Energiebedarfs nach den Vorgaben der Energieeinsparverordnung und der DIN V 18599:1-10. Der erhöhte Berechnungsaufwand resultiert unter anderem aus der geforderten Zonierung nach unterschiedlichen Raumnutzungen und der separaten Bilanzierung jeder Zone. Die systematische Vorgehensweise wird in einem Leitfaden des Bundesministeriums für Verkehr, Bau und Stadtentwicklung (BMVBS) beschrieben. Im Rahmen dieses Leitfadens werden unter anderem zwei Bestandsgebäude (eine Schule und ein Betriebsgebäude) sowie ein Neubau (Verwaltungsgebäude) exemplarisch bewertet.[95]

Ein Schwerpunkt dieses Leitfadens ist die strukturierte Vorgehensweise zur Beschaffung, Bewertung und für die EDV-Nutzung richtige Aufbereitung der erforderlichen Dateninformationen. Insbesondere bei Bestandsgebäuden liegen die benötigten Daten oft nicht vollständig und aktuell vor. Anhand von Beispielen wird aufgezeigt, wie vereinfachende Annahmen getroffen werden können. Zur Erfassung der Gebäudegeometrie lagen beispielsweise Ausführungsunterlagen aus den Baujahren der Gebäude vor, deren Verwendbarkeit wie folgt kommentiert wird: *„Wie häufig üblich, waren Änderungen und bauliche Verbesserungen und Sanierungen nicht vermerkt, Bauteilkataloge wie sie heutzutage existieren sollten, sind bei den Bestandsgebäuden nicht vorhanden."*[96] Um die erforderlichen Informationen zu erhalten, sind somit zusätzlich zur Auswertung der Architekturpläne Ortsbegehungen erforderlich. Außerdem können zu den Bauteilen vereinfachende Annahmen entsprechend baujahrsspezifischer Pauschalwerte getroffen werden.[97]

---

[93] Vgl. § 21 EnEV 2007: Ausstellungsberechtigung für bestehende Gebäude.
[94] Eigene Darstellung unter Verwendung von Krimmling 2007, S. 268.
[95] Vgl. BMVBS 2007, S. 18: Beispielgebäude.
[96] BMVBS 2007, S. 34.
[97] Vgl. § 9 Abs. 2 Satz 3 EnEV 2007.

Im Gebäudebestand nimmt die Informationsdichte mit zunehmendem Baualter ab. Bei Neubauten sind meist noch sämtliche Informationen der Planungs- und Bauphase verfügbar. Altbauten sind in der Regel unvollständig dokumentiert. Die energetischen Einsparpotenziale steigen jedoch mit zunehmendem Baualter.[98] Eine im Anhang des Leitfadens dokumentierte Prioritätenliste soll helfen, bei der arbeitsintensiven Zusammenstellung der Bestandsunterlagen die wichtigen Informationen zu erfassen. Die höchste Priorität wird dabei den Informationen zum Heizungssystem zugeschrieben. Insbesondere die Erzeugung und Verteilung sowie die Rohrlängen sind von Bedeutung. Bei den Planunterlagen sind somit mit höchster Priorität vor allem Grundrisse und Schaltschemata zu beschaffen. Die Informationen zu Gebäudehülle und Fassade werden in die zweite von fünf Prioritätsstufen eingeordnet. Besonders wichtig sind Informationen über die U-Werte und diesbezüglich insbesondere von Fenstern und Fassade. Von untergeordneter Bedeutung sind Informationen über die Warmwassererzeugung (niedrigste Prioritätsstufe).[99]

3.3 Konzeption und Umsetzung von Energiespar-Contracting

3.3.1 Allgemeine Grundlagen für Energiespar-Contracting

Die Grundlage für das „Energiespar-Contracting" bildet eine Vereinbarung zwischen einem Energiedienstleistungsunternehmen als „Contractor" (Auftragnehmer) und einem Energieabnehmer, beispielsweise der kommunalen Verwaltung als „Kunde" (Auftraggeber). Der Vertrag regelt, mit welcher Zielsetzung und unter welchen Rahmenbedingungen der Contractor Kapital und Know How zur Verbesserung des Energiemanagements und der bau- und anlagentechnischen Ausstattung des Kunden einsetzt. Die übergeordneten Zielsetzungen von Energiespar-Contracting sind die Energieeinsparung und die damit verbundene Energiekostenreduzierung. Der Contractor verpflichtet sich, die hierzu von ihm installierten Anlagen und Einrichtungen instand zu halten, zu überprüfen und zu optimieren. Im Energiespar-Contracting Modell ist vorgesehen, die dem Contractor entstehenden Investitionskosten unter Verwendung eines Anteils der erzielten Energiekosteneinsparungen zu finanzieren. Im Idealfall ist das Verfahren somit für beide Seiten von Vorteil.[100]

Der grobe Ablauf des Verfahrens umfasst insgesamt neun Phasen. Zu jeder Phase wird der Zeitbedarf für die Umsetzung des Energiespar-Contractings angegeben. Die

---

[98] Vgl. BMVBS 2007, S. 83: Vereinfachungen bei lückenhaften Informationen.
[99] Vgl. BMVBS 2007, S. 167 – 169: Prioritätenliste, Einfluss von Eingabegrößen auf die Ergebnisse.
[100] Unter Verwendung von Dena 2008, S. 10: Verfahrensablauf.

Zeitangaben beziehen sich auf die Abwicklung im Rahmen von Bundesliegenschaften:

1. Erstellung Ausschreibungsunterlagen (ca. 3 Monate),
2. Vergabebekanntmachung (37 Kalendertage),
3. Auswahl der Bewerber, die zur Angebotsabgabe aufgefordert werden (14 Tage),
4. Grobanalyse (2 – 3 Monate),
5. Angebotsverhandlungen, Angebotswertung, Wirtschaftlichkeitsvergleich, Vorinformation unterlegener Bieter, Abschluss Erfolgsgarantie-Vertrag (3 Monate),
6. Feinanalyse (1 – 4 Monate),
7. Prüfung der Feinanalyse (1 – 2 Monate),
8. Vorbereitungsphase: Realisierung der Energiesparmaßnahmen (3 – 9 Monate),
9. Hauptleistungsphase: Erbringung der garantierten Einsparungen (7 – 12 Jahre).[101]

Der Bieter erstellt auf der Grundlage einer Grobanalyse ein Angebot. Die zugrunde liegenden Gebäudedaten werden mittels eines Erhebungsbogens vom Auftraggeber zur Verfügung gestellt oder vom Bieter ergänzend erfasst. Die Beurteilung der Angebote erfolgt unter Verwendung von finanzmathematischen Methoden (z.B. Kapitalwertmethode) und nicht monetären Bewertungen der Vorteilhaftigkeit (z.B. Nutzwertanalyse). Zusammenfassend ist festzustellen, dass die für Bundesbauten angegebenen Bearbeitungszeiträume zur Übertragung in die kommunale Praxis viel zu lang sind.

3.3.2 Energiespar-Contracting in der kommunalen Praxis

In der kommunalen Praxis sind Contracting Modelle schon seit vielen Jahren bekannt. Einige Städte, wie beispielsweise München und Stuttgart, praktizieren ein etwas abgewandeltes stadtinternes Contracting, das auch als „Intracting" bezeichnet wird. Das „Stuttgarter Modell" wurde in den 90er Jahren als ein alternatives stadtinternes Finanzierungssystem entwickelt. Anlass für die Entwicklung war die Problematik, dass den Fachämtern die erforderlichen Finanzmittel zur Durchführung von energetischen Modernisierungsmaßnahmen fehlten. Im Rahmen des stadtinternen Contractings wurde vereinbart, dass diese Maßnahmen vom Amt für Umweltschutz vorfinanziert und durch das Hochbauamt umgesetzt werden. Erzielte Energieeinspa-

---

[101] Vgl. Dena 2008, S. 14.

rungen fließen solange an das Umweltamt zurück, bis das eingesetzte Kapital zurückbezahlt ist. Die Rückzahlung erfolgt aus den Haushaltsstellen der Fachämter. Auf Basis dieses Modells wurde beispielsweise folgendes Projekt vereinbart: Modernisierung der Beleuchtungsanlage eines Straßentunnels und einer großen Unterführung durch Ersatz von Leuchtstofflampen durch Natriumhochdrucklampen. Die Kosten werden zur Hälfte vom Amt für Umweltschutz finanziert, die andere Hälfte wird aus Mitteln der Bauunterhaltung gedeckt. Die erzielbare Stromkosteneinsparung beträgt 11.000 bis 21.000 EUR/a.[102]

Mit dem „Münchner Intracting Modell" wird die Finanzierung von besonders wirtschaftlichen Energiesparmaßnahmen stadtintern durch die Kämmerei ermöglicht. Als besonders wirtschaftlich werden Maßnahmen bezeichnet, deren Amortisationszeit kürzer als fünf Jahre ist. Auf Basis des Projektes „Energiesparkonzept für 1.000 städtische Gebäude" wurden Energieeinsparmaßnahmen für Wärme, Strom und Wasser ermittelt. Das vereinbarte Intractingprojekt mit einem Investitionsvolumen von 2,7 Mio. EUR umfasst insgesamt 1.187 Maßnahmen. Von diesen Maßnahmen werden rund 65% mit einer jeweiligen Investitionssumme von weniger als 1.000 EUR veranschlagt. Fast 25% der Maßnahmen liegen im Bereich von 1.000 bis 5.000 EUR und nur vier Maßnahmen erfordern Investitionen von über 50.000 EUR. Die Grundlage für die Budgetermittlung bildeten statistische Auswertungen von Verbrauchskennwerten nach der Methode der VDI 3807.[103]

3.3.3 Bestandsdatenerfassung für die Angebotslegung

Detailinformationen zum Umfang und Detaillierungsgrad der stadtinternen Contracting-Modelle waren anhand der recherchierten Quellen nicht verfügbar. Es ist anzunehmen, dass die erforderlichen technischen und nutzungsspezifischen Bestandsinformationen, die zur Vereinbarung von Intracting-Modellen benötigt werden, im Prinzip mit den zur Vorbereitung des Energieeinspar-Contractings für Bundesliegenschaften erhobenen Informationen vergleichbar sind. Der im Leitfaden Energiespar-Contracting für Bundesliegenschaften vorhandene Erhebungsbogen zur Bestandsaufnahme wird daher genauer betrachtet. Mit diesem Erhebungsbogen werden sämtliche Informationen erfasst, die für eine Einschätzung der Energieeffizienz und zur wirtschaftlichen Bewertung von Energieeffizienz steigernden Maßnahmen erforderlich sind. Anhand der Gliederung des Erhebungsbogens und des Umfangs der einzelnen Teilbereiche wird deutlich, dass vor allem die technischen Anlagen detailliert erfasst und beurteilt werden. Die Bestandsaufnahme des Gebäudes erfolgt in

---

[102] Vgl. Kienzlen, Volker: Stadtinternes Contracting in Stuttgart, in: Duscha 1999, S. 187 – 195.
[103] Vgl. LHM 2004, S. 73.

den Kategorien „Allgemeine Gebäudedaten" und „Bauphysik" und wird vergleichsweise wenig ausführlich auf nur zwei von insgesamt 21 Seiten der Gesamterfassung behandelt.

Die wesentlichen Gliederungspunkte und eine Auswahl der inhaltlichen Schwerpunkte sind nachfolgend zusammenfassend dargestellt, um einen Eindruck über den Datenumfang und die Detaillierungstiefe aufzuzeigen, die als Informationsgrundlage zur Erstellung von Angeboten für das Energiespar-Contracting benötigt wird:

1. Allgemeine Gebäudedaten: Im Rahmen der allgemeinen Angaben werden die Adresse (Ortsbezug) und Kontaktdaten eines Ansprechpartners für das Gebäude erfasst (aktuelle, zusätzliche Objektinformationen). Das Baujahr und die bisherige bauliche Entwicklung (Umbauten oder Anbauten) vermitteln einen ersten Eindruck über den Bauzustand. Die Gebäudegeometrie wird grob mit den wesentlichen Kenndaten erfasst: Hauptnutzfläche (HNF), Nettogrundfläche (NGF), Bruttogrundfläche (BGF), Geschosszahl, Geschosshöhe und Bruttorauminhalt (BRI). Außerdem werden durchgeführte und geplante Sanierungsmaßnahmen unter Angabe von Terminen (Jahr) und Kosten aufgelistet.

2. Gebäudenutzung: Die Gebäudenutzungsart sowie die Anzahl der Nutzer und Bediensteten sind zu erfassen. Nutzungszeiten werden grob nach Jahreszeiten (Sommer, Winter) und fein nach Wochentagen und Uhrzeiten (von – bis) gegliedert erfasst. Außerdem werden Sondernutzungen aufgelistet. Über geplante Nutzungsänderungen ist unter Angabe von Terminen (Jahr) und Kosten eine Auflistung zu erstellen. Über das betriebstechnische Personal werden Angaben zu Anzahl, Qualifikation und Zuständigkeit erfasst.

3. Gebäudekomfortkonditionen: Gebäudekomfortkonditionen werden grob in Sommer- und Winterhalbjahr gegliedert und fein in Nutzungszeit und Nacht- und Wochenendzeit unterteilt beschrieben. Erfasst werden die wesentlichen thermodynamischen Kennwerte wie Raumtemperatur, Raumfeuchte und Luftwechselrate. Räume mit besonderen Raumluftkonditionen sind grob gegliedert nach den Betriebsphasen „Nutzungszeit" und „Nacht- und Wochenende" aufzulisten.

4. Verbrauch und Kosten von Medien: Für die Medien Heizenergie, Elektroenergie und Wasser/Abwasser werden die wichtigsten Vertrags- und Abrechnungskonditionen erfasst, wie Energieträger, Zähler-Nummer, Jahresverbrauch über einen Zeitraum von drei Jahren, Abrechnungswerte gegliedert nach „Arbeit" (kWh) und „Arbeit und Leistung" (kW), Arbeitspreis (EUR/kWh), Leistungspreis (EUR/kW × a), Gradtagzahlen, Versorgungsbereiche, Wasserpreis (EUR/m^3) und Abwasserpreis (EUR/m^3), Mess-/Grundpreis (EUR/a) etc.

5. **Energiekonzept:** Wenn ein Energiekonzept vorliegt, werden Ansprechpartner und Erstellungsjahr erfasst sowie die Untersuchungsbereiche aufgelistet.

6. **Stromverbraucher:** Wenn ein System zur Reduzierung von elektrischen Lastspitzen vorliegt (E-Max-Anlage) werden Einbaujahr, aufgeschaltete Verbraucher und Untersuchungsbereiche erfasst. Elektrische Großverbraucher werden unter Angabe der Anschlussleistung (kW) und Nutzungsdauer (h/d) aufgelistet. Die Beleuchtung wird getrennt nach Außen- und Innenbeleuchtung mit den wesentlichen Angaben zur Leuchtenanzahl, Lampentypen und Gesamtleistung erfasst. Leuchtstofflampen werden mit weiteren detaillierten Angaben, z.B. Leuchtentyp, Reflektoren, Abdeckung, Vorschaltgerät und Gesamtleistung, erfasst.

7. **Wärmeerzeugung:** Die Anzahl und Typen der Wärmeerzeuger, beispielsweise Kesselanlage, Fernwärme-Hausanschlussstation, Fernwärme-Unterstation, werden mit den wichtigsten Identifikationsmerkmalen, Heizkesseltyp, Brennertyp und Leistungsmerkmalen, Nennleistung (kW), erfasst. Betriebs-, Überwachungs- und Regelungsdaten der Wärmeerzeugung werden detailliert aufgeführt, z.B. Betriebsstundenzähler, Abgasmessung, Absenkungsbetrieb, Außentemperatur, Vor- und Rücklauftemperatur.

8. **Wärmeverteilung:** Die Heizungstypen werden mit der jeweiligen Anzahl der Heizkreise und Verteiler erfasst und für jeden Heizkreis erfolgt eine detaillierte Betrachtung des versorgten Gebäudebereichs, z.B. Wärmemengenzähler, Regelung von Vor- und Rücklauftemperatur, Heizleistung, Schaltung, Pumpe, Wärmedämmung, Absenkbetrieb, Anzahl und Material der Heizkörper und Thermostatventile.

9. **Trinkwassererwärmung:** Zur Trinkwassererwärmung werden allgemeine Angaben, z.B. Wärmemengenzähler oder Warmwasserzähler, Warmwasserbedarf und Großverbraucher, erfasst. Weitere Details werden grob gegliedert in den zwei Bereichen: „zentrale" und „dezentrale Trinkwassererwärmung" erhoben, beispielsweise Anzahl Speicher, Speicherinhalt, elektrische Leistung der Zirkulationspumpe, Leistung Einzelgerät und Solltemperatur.

10. Sanitäranlagen: In dieser Kategorie wird vor allem die Anzahl der Waschbecken, Duschen, Toiletten und Urinale erfasst.

11. Raumlufttechnische Anlagen: Allgemeine Angaben sind die Anzahl der Raumlufttechnischen (RLT) Anlagen, der Zuluftvolumenstrom (m^3/h) und der Außenluftvolumenstrom (m^3/h). Zu jeder Lüftungsanlage werden detaillierte Angaben erfasst wie Grundfunktionen, thermodynamische Funktionen, Versorgungsbereiche, Ventilatoren, Wärmerückgewinnung, Regelung und Betriebszeiten.

12. Kälteerzeugung: Die Erfassung der Kälteanlage unterscheidet grob in „Dezentrale Kälteerzeugung" und „Zentrale Kälteerzeugung". Zur zentralen Kälteerzeugung werden ergänzend Details bezüglich der Kälteverteilung und zur Regelungstechnik aufgeführt.

13. Gebäudeleittechnik: Die zu erhebenden Informationen werden in zwei Bereiche gegliedert: 1. Leitebene und 2. Kommunikation zwischen Leitebene und Mess-Steuer-Regelungs-Ebene (MSR-Ebene). Die Verfügbarkeit von Bestandsunterlagen wird überprüft (z.B. Regelschemen, Informationspunktlisten und Übersichten).

14. Bauphysik: In der Kategorie Bauphysik werden gebäudespezifische Daten zur Bauart (leicht < 16 cm, mittel > 24 cm, schwer > 30 cm Außenwand), offensichtliche bauliche Mängel sowie die Fenster- und Sonnenschutzausstattung und deren Regelung erfasst. Die Wärmedämmung der Außenbauteile wird gegliedert nach Außenwand, Kellerdecke, oberste Geschossdecke und Dach aufgelistet.[104]

3.4 Ganzheitliches Energiemanagement

Die Aufgabenbereiche des kommunalen Energiemanagements umfassen vor allem die Betriebs- und Nutzungsphase von Gebäuden. Wesentliche Bereiche sind die Verbrauchskontrolle, Gebäudeanalyse sowie Initiierung von energetischen Modernisierungs- und Einsparmaßnahmen in den Kommunen.

3.4.1 Verbrauchskontrolle

Die Verbrauchskontrolle wird als *„einer der grundlegenden Bausteine für das gesamte Energiemanagement"*[105] verstanden. Die Verbrauchskontrolle ist in drei wesentliche Arbeitsprozesse untergliedert: Verbrauchserfassung, Witterungsbereinigung und Verbrauchsauswertung. Der Energieverbrauch wird nach Energieträgern (z.B. Öl,

---

[104] Eigene zusammenfassende Darstellung unter Verwendung von Dena 2008, S. 117 – 138.
[105] Duscha 1999, S. 35.

Gas, Strom) und Verwendungsarten (z.B. Raumheizung, Warmwasserbereitung, Licht, Prozessenergie) erfasst und Gebäuden und Nutzungsarten zugeordnet. Die regelmäßigen Erfassungsintervalle richten sich unter anderem nach der Anlagengröße. Vor zehn Jahren wurde für Heizanlagen die monatliche Erfassung bis zu einer Anlagengröße von 250 kW empfohlen. Anlagen zwischen 250 und 3.000 kW sollten zweimal wöchentlich erfasst werden. Für Anlagen über 3.000 kW wurde eine tägliche Erfassung empfohlen.[106]

Heute läuft der Prozess der Verbrauchserfassung zunehmend automatisiert und in wesentlich kürzeren Zeitabständen ab. Die Stadt Frankfurt am Main nutzt energiewirtschaftliche Software für die Auswertung der Verbrauchserfassung. Das Energiemanagement ist im Hochbauamt der Stadt angesiedelt. Aufgabe ist die Betreuung von ca. 1.000 städtisch genutzten Liegenschaften. *„Nach Abzug aller Aufwendungen für Personal- und Sachkosten im Energiemanagement und Abschreibungen für die Energiesparinvestitionen wurde seit 1990 ein Gewinn durch das Energiemanagement in Höhe von 61 Mio. € erwirtschaftet."*[107] In Stuttgart wird der Energieverbrauch der gesamten öffentlichen Infrastruktureinrichtungen automatisch erfasst und analysiert.[108] In München erfolgt in Zusammenarbeit mit dem Energieversorgungsunternehmen Stadtwerke München GmbH (SWM) eine automatische Datenübermittlung von Strom, Wärme und Wasserrechnungen. Die Umrechnung der Rohdaten auf vergleichbare Verbrauchszeiträume (z.B. Kalenderjahr) ist automatisiert möglich. Zukünftig soll ein *„Energieauswertesystem (EAS)"* unter Einbeziehung von kaufmännischer Standard Software (SAP) eingesetzt werden.[109] Im Rahmen eines bundesweiten Forschungsprojektes wurden von der Ages GmbH für den „Verbrauchskennwertbericht 2005" unter anderem Datensätze von Kommunen, die das Energiebewirtschaftungsprogramm EKOMM verwenden, ausgewertet.[110]

3.4.2 Gebäudeanalyse

Die Gebäudeanalyse wird in die Bearbeitungsstufen der „Grobanalyse" und „Feinanalyse" gegliedert. Voraussetzung für die Durchführung von Gebäudeanalysen ist die Erfassung von grundlegenden Gebäudedaten (Stammdaten). Die folgenden Daten sollen mindestens erfasst werden:

- *„Name und Anschrift des Gebäudes*

---

[106] Vgl. Duscha 1999, S. 37.
[107] Linder, Mathias: Erfolgreiches Energiemanagement in Frankfurt am Main, Vortrag am 06.05.2008 im Rahmen des Facility Management Kongress 2008 in Frankfurt am Main.
[108] Görres, Jürgen: Nachhaltige Energieversorgung in Stuttgart- Die Sicht eines Bauherren, Vortrag am 23.04.2008 im Rahmen der Convation 2008 in Stuttgart.
[109] Vgl. LHM 2004, S. 32.
[110] Vgl. Ages 2008, S. 4.

- *Nutzungsart*
- *Baujahr*
- *Energiebezugsfläche*
- *Heizungssystem (Energieträger, Kesselart, installierte Leistung, Baujahr, Art der Warmwasserbereitung)*
- *Jährlicher Heizenergie-, Strom- und Wasserverbrauch der letzten drei Jahre*
- *Energiekosten der letzten drei Jahre*
- *Zählernummern (für Strom, Gas, Fernwärme, Wasser)*
- *Name und Telefonnummer des Betriebspersonals vor Ort (z.B. Hausmeister)*
- *Name, Anschrift und Telefonnummer der Wartungsfirma für die Heizung.*"[111]

Grobanalyse

Die Grobanalyse dient dazu, Ursachen für einen im Vergleich zu anderen Gebäuden relativ hohen Energieverbrauch vor Ort zu ermitteln. Auf der Basis von Energieverbrauchskennwerten werden zunächst die schlechtesten Gebäude des Bestandes ausgewählt und eine Prioritätenliste erstellt. Vor Ort erfolgt dann eine systematische Überprüfung der organisatorischen, baulichen und technischen Einflussfaktoren anhand von Checklisten.[112]

- In den Untersuchungsbereich der *„Organisatorischen Maßnahmen"* fallen betriebs- und nutzungsrelevante Aspekte: Verstellen der Heizkörper durch Mobiliar, unnötige Dauerlüftung der Fenster, zu hohe Raumtemperatur. Außerdem wird überprüft, ob die Heizanlage außerhalb der Nutzungsphasen außer Betrieb genommen wird oder durchgängig läuft.
- Anhand der Checkliste *„Bautechnische Mängel aus Sicht der Energieeinsparung"* wird beispielsweise überprüft, ob Windfangschleusen fehlen, Eingangstüren undicht sind oder schlecht schließen, Fenster undicht sind und ob Einfachverglasungen vorhanden sind.
- Die technischen Untersuchungsbereiche sind grob in drei Kategorien gegliedert: Anhand der Checkliste *„Wärmeerzeugung"* werden Abgaswärmetauscher, Wärmeerzeugernennleistung und die Abstimmung von Brenner und Heizkessel geprüft. Der Untersuchungsbereich *„Mess- und Regeleinrichtungen"* befasst sich mit der Regelung der Wärmeerzeuger, der Einstellung der Kesselwassertemperatur und dem Zustand von Thermostatventilen. Im Schwerpunkt *„Wärmeverteilung"* werden z.B. die automatische Regelung der

---

[111] Duscha 1999, S. 43.
[112] Vgl. Duscha 1999, S. 50.

Heizkreispumpen, Entlüftung der Heizanlage, unnötiges Beheizen von Räumen überprüft.[113]

Feinanalyse

Ferner werden Feinanalysen durchgeführt, weil sich im Rahmen der Grobanalysen nicht sämtliche Ursachen für den Energieverbrauch ermitteln lassen. Ergänzend zu den Besichtigungen und Erhebungen vor Ort (vgl. Grobanalyse) werden detaillierte Informationen und Mengenangaben für die Maßnahmenplanung zur Beseitigung der identifizierten Schwachpunkte benötigt. Die Maßnahmenplanung ist eine Grundlage für die Kostenermittlung. Feinanalysen erfolgen somit unter anderem auf der Grundlage der Baudokumentation und Technischen Anlagendokumentation (z.b. Architektenplanung, Fachingenieurplanung, Baubeschreibung, Berechnungen etc.). *„Häufig dauert allein die Zusammenstellung der Ausgangsdaten relativ lange (mehrere Wochen)."*[114] Auf die mangelnde Verfügbarkeit von zentralen Gebäudeinformationen wird an anderer Stelle auch im Zusammenhang mit fehlenden oder fehlerbehafteten Flächenangaben für die Kennwertermittlung hingewiesen: *„fehlende oder mangelhafte Gebäudekenndaten"*[115], *„fehlende Angabe zur Bruttogrundfläche oder zu Außenflächen"*[116], *„Auch beim dritten Kennwertbericht hat sich wieder gezeigt, dass die für die Kennwerteberechnung unabdingbare korrekte und aktuelle Angabe der Flächen oftmals Probleme bereitet."*[117] Im kommunalen Energiemanagement werden zur Erstellung von Gebäudeanalysen unter anderem externe Beratungsbüros eingeschaltet: *„Die Kosten für die Erstellung von Feindiagnosen durch externe Büros beginnen bei etwa 5.000 DM pro Gebäude und hängen stark vom Umfang der Untersuchung sowie der Art und Größe des Gebäudes ab."*[118]

3.4.3 Energetische Modernisierung und Einsparmaßnahmen

Die Planung von Einsparmaßnahmen umfasst vier wesentliche Aufgabenbereiche: Die Erstellung von Prioritätenlisten, Sanierungsplanung, Finanzierungsplanung und Beratung bei Neubauplanung. Die wichtigsten Faktoren für die Aufstellung von Prioritätenlisten sind der absolute Verbrauch des Gebäudes (z.B. kWh/a), Energieverbrauchskennwerte (z.B. kWh/m^2 × a) und der ermittelte anstehende Umbau- und Sanierungsbedarf. Bei der Instandsetzungs- und Sanierungsplanung ist zu berücksichtigen, dass größere investive Energiesparmaßnahmen sinnvoll mit den ohnehin erforderlichen Maßnahmen kombiniert werden (z.B. Dämmung der Außenwände,

---

[113] Vgl. Duscha 1999, Anhang Arbeitshilfen, S. 218 – 221.
[114] Duscha 1999, S. 51.
[115] Sagebiel 1991, S. 20.
[116] Ages 2008, S. 4.
[117] Ages 2008, S. 4.

Austausch der Fenster, Dämmung des Daches etc.). Die strategische Sanierungsplanung ist eine wichtige Grundlage für die Finanzierungsplanung.[119] Im Zuge der Beratung bei Neubauplanungen werden beispielsweise wärmetechnische Standards, die über die gesetzlich geforderten Werte der Energieeinsparverordnung (EnEV) hinaus gehen, festgelegt. In der Landeshauptstadt München werden auch bei Baumaßnahmen im Bestand die geforderten Maximalwerte der Energieeinsparverordnung (EnEV) „*in der Regel um durchschnittlich 20 % unterschritten.*"[120]

Im Rahmen des Energiemanagements sind die folgenden fünf Aufgabenbereiche der Betriebsführung von Anlagen zu berücksichtigen:

- Für die Regelungseinstellungen der Heizungsanlagen müssen klare Zuständigkeiten und Vorgaben (z.B. Temperaturen, Heizkreise, Betriebszeiten) definiert werden. Die Einstellungen sind zu kontrollieren und Qualifizierungsmaßnahmen für das Betriebspersonal zu organisieren. Der Überwachung der Raumtemperaturen ist besondere Aufmerksamkeit zu schenken, da sich diese unmittelbar auf den Energieverbrauch auswirken: *„da eine Überschreitung dieses Wertes* (gemeint ist die zulässige Raumtemperatur) *um nur 1°C im Verlauf eines Jahres einen Energiemehrverbrauch von durchschnittlich 6 % zur Folge hat."* [121] Bei dieser Betrachtung handelt es sich jedoch um eine sehr pauschale Annahme. Der Zusammenhang zwischen Raumtemperatur und Energieverbrauch unter Berücksichtigung der wesentlichen Einflussfaktoren wird im Kapitel 4 detailliert erörtert.
- Zur Wartung und Instandhaltung von Anlagen ist *„aus Kostengründen"* eine Gliederung der Verantwortungsbereiche sinnvoll: Häufig anfallende Arbeiten werden vom Betriebspersonal vor Ort übernommen. Gelegentlich anfallende Arbeiten, die vom Betriebspersonal nicht erledigt werden können, übernimmt der Energiebeauftragte. Wartungsfirmen führen die verbleibenden Arbeiten aus.
- Der Störcienst ist für die Beseitigung von Anlagenstörungen zuständig und wird von entsprechend qualifiziertem Personal, z.B. Mitarbeiter des Hochbauamtes, Energiebeauftragte, externe Störcienste, durchgeführt. Mit zentraler Leittechnik werden Vororteinsätze reduziert.
- Die Beratung und Kontrolle des Betriebspersonals soll die Zusammenarbeit mit den Beteiligten vor Ort fördern und dazu beitragen, dass Fehlerursachen

---

[118] Duscha 1999, S. 51.
[119] Duscha 1999, S. 55.
[120] Burkhard, Robert: Strategien zur Steigerung der Energieeffizienz im kommunalen Gebäudebestand, in: OTTI 2008, S. 21.

identifiziert und beseitigt werden, wie beispielsweise Arbeitsüberlastung, Probleme beim Ablesen der Zähler und unverständliche Bedienungsanleitungen.[122]

- Die Energiebeschaffung umfasst den Abschluss und die Prüfung von Lieferverträgen mit Energieversorgungsunternehmen für Gas, Strom und Fernwärme. Die laufenden Abrechnungen sind zu überprüfen. Die Aufgabe des Energiemanagements ist es unter anderem, die Vertragskonditionen auf die tatsächlichen Gegebenheiten vor Ort anzupassen (z.b. Anpassung der vereinbarten Jahreslieferleistung an eine verbrauchsreduzierte modernisierte Heizanlage). Der Energieeinkauf ist zu koordinieren und zu optimieren (z.b. Heizöleinkauf).

3.4.4 Energieeffizienzverbesserung von Bestandsgebäuden

Zur Verbesserung der Energieeffizienz im Gebäudebestand wird derzeit von den Kommunen eine Doppelstrategie gefahren. Diese umfasst auf der einen Seite eine Reduzierung des Energiebedarfs auf ein Minimum. Auf der anderen Seite soll dieses Minimum effizient gedeckt werden.

Als die wichtigsten den Energiebedarf reduzierenden Maßnahmen werden verfolgt:
- Wärmedämmmaßnahmen wie beispielsweise die Dämmung der oberster Geschossdecken, Wärmedämmung der Außenwände und Fensteraustausch im Altbaubestand,
- Realisierung von Neubauten im Niedrigenergiehausstandard,
- Durchführung von Schulungen zum Erstellen von Energieausweisen mit energetischen Schwachstellenanalysen,
- Förderung von energiebewusstem Verhalten und
- intensive Einbeziehung der Nutzer bei Energiesparmaßnahmen.

Maßnahmen zur effizienten Deckung des Minimums sind:
- Anlagenmodernisierung im Bereich Elektrotechnik,
- Modernisierung der technischen Anlagen, z.B. Heizung und Lüftung,
- Ausbau regenerativer Energienutzung durch Solar- und Biomasseanlagen,
- Einsatz innovativer Technik,
- Schulungen des Bedienpersonals im Energiemanagement des technischen Betriebs und des technischen Gebäudemanagements.[123]

---

[121] Duscha 1999, S. 58.
[122] Zusammenfassende Darstellung unter Verwendung von Duscha 1999, S. 56 – 60.
[123] Burkard, Robert: Strategien zur Steigerung der Energieeffizienz im kommunalen Gebäudebestand, in: OTTI 2008, S. 26 – 27.

Ergebnis der Bestandsaufnahme ist, dass ganzheitliche und übergeordnete Strategien, die anhand von definierten Zielen und auf Basis einer definierten Ausgangslage dazu geeignet wären, die Energieeffizienzsteigerung des kommunalen Gebäudebestands mittel- bis langfristig (Betrachtungszeitraum 15 bis 20 Jahre) zu planen und zu steuern (Soll-Ist-Vergleiche, Anpassungsmaßnahmen) sowie die erzielten Ergebnisse nachzuweisen, in der Praxis des kommunalen Energiemanagements bisher nicht feststellbar sind. Die dokumentierten Beispiele beziehen sich auf kürzere Betrachtungszeiträume von bis zu fünf Jahren[124], die Energieeffizienzbewertung und Verbesserung von einzelnen Objekten[125], die Dokumentation von ausgezeichneten Schulbauten[126] oder die Dokumentation von vorbildlichen Sanierungsbeispielen.[127]

3.5 Wirtschaftlichkeitsbeurteilung von Energieeinsparstrategien

3.5.1 Auswahl finanzmathematischer Methoden

Wirtschaftlichkeitsbeurteilungen werden durchgeführt, um die Vorteilhaftigkeit von Investitionsentscheidungen oder sonstigen geplanten Ausgaben vorausschauend zu bewerten und die wirtschaftlich vorteilhafteste Variante auszuwählen. Je nach Zielsetzung und Komplexität des Untersuchungsbereichs kommen statische oder dynamische Verfahren der Finanzmathematik für die Wirtschaftlichkeitsberechnung zum Einsatz. Statische Berechnungsmethoden berücksichtigen Aufwand und Ertrag bzw. Kosten und Leistungen in einem festen Zeitfenster (z.B. Kostenvergleich der Jahreskosten). Im Rahmen statischer Berechnungsverfahren wird der Zeitpunkt des Kapitalflusses vernachlässigt. Die Genauigkeit der Ergebnisse hängt vor allem von der Regelmäßigkeit der Daten, einem niedrigen Kalkulationszinssatz und kurzer Projektlaufzeit ab. Die folgenden statischen Methoden finden unter anderem zur Wirtschaftlichkeitsbeurteilung im Energiemanagement, zur Angebotswertung im Bauwesen und im Bereich von Investitionsentscheidungen der Immobilienwirtschaft Verwendung:

- die Kostenvergleichsrechnung,
- die Gewinnvergleichsrechnung,
- die Rentabilitätsrechnung,
- die Amortisationsrechnung.[128]

---

[124] Vgl. Energieeinsparkonzept für 1.000 städtische Gebäude in: LHM 2004, S. 34.
[125] Vgl. Energiebedarfsausweis für eine Schule in: BMVBS 2007, S. 18.
[126] Vgl. Wüstenrot Stiftung 2004: Schulen in Deutschland Neubau und Revitalisierung.
[127] Vgl. Projektdokumentationen der Deutschen Energieagentur (Dena): „Niedrigenergiehaus im Bestand" unter www.dena.de.
[128] Vgl. beispielsweise Diederichs 2005, S. 239; Härtl 2007, S. 130; Krimmling 2007, S. 162 – 166; Schelle 1992, S. 11 – 17.

Ein wesentlicher Vorteil statischer Methoden liegt in der einfachen Anwendbarkeit ohne die Verwendung von umfangreichen Formeln und Tabellenwerten oder entsprechender Softwareunterstützung. Nachteilig erweisen sich diese einfachen Verfahren aufgrund der fehlenden Berücksichtigung des Zeitfaktors, da sämtliche Kosten und Erträge im gleichen Zeitraum, in der Regel innerhalb eines Jahres, betrachtet werden.

Dynamische Berechnungsmethoden werden angewendet, um Einzahlungen und Auszahlungen im Zeitverlauf über die Dauer eines Investitionsprojektes zu berücksichtigen. Das tatsächliche Eintreten der prognostizierten Entwicklung ist unsicher, da die Zahlungsreihen auf Schätzungen beruhen (z.b. Annahmen für Kalkulationszinssatz, Preissteigerungsrate, Lebensdauer etc.). Zahlungen innerhalb einer Periode werden so behandelt, als ob sie am Ende des Betrachtungszeitraums angefallen wären. Die Anwendung von dynamischen Berechnungsmethoden ist immer dann zu empfehlen, wenn auch die zeitliche Entwicklung der Folgekosten in Betracht gezogen werden soll. Die am häufigsten verwendeten dynamischen Methoden sind:

- die Kapitalwertmethode (Kapital- und Endwertverfahren),
- die Annuitätenmethode,
- die Interne Zinsfußmethode.[129]

Für die Beurteilung von strategisch wirksamen Energieeffizienzverbesserungen werden dynamische Methoden benötigt. Die wesentlichen Verfahren sind: Die Barwert- oder Kapitalwertmethode und die Annuitätenmethode. Die Annuitätenmethode wird häufig auch für die Wirtschaftlichkeitsberechnung im Rahmen von Ersatzbeschaffungen bei Gebäuden und Anlagen angewendet[130]. In den folgenden Kapiteln werden die für die Wirtschaftlichkeitsbeurteilung von Energieeffizienzverbesserungen wichtigsten Verfahren, die Kapitalwertmethode und die Annuitätenmethode, dargestellt.

3.5.2 Berechnungsverfahren der Kapitalwertmethode

Der Kapitalwert ist der auf den Gegenwartszeitpunkt (t0) auf- oder abgezinste Barwert einer Investition. Für die Ermittlung des Kapitalwertes werden mindestens Angaben der Höhe und des Zeitpunkts von geplanten einmaligen Investitionen (z.B. Kosten für Wärmedämmmaßnahmen und die Erneuerung der Heizungsanlage) benötigt. Außerdem ist der Betrachtungszeitraum in Jahren festzulegen und ein Kalku-

---

[129] Vgl. beispielsweise Diederichs 2005, S. 233 – 239; Härtl 2007, S. 143, 122; Hirschberg 2008, S. 109; Krimmling 2007, S. 158.
[130] Vgl. Hirschberg 2008, S. 109.

3.5 Wirtschaftlichkeitsbeurteilung von Energieeinsparstrategien

lationszinssatz auszuwählen. Ist dabei von jährlich gleichbleibenden Zahlungen auszugehen, wird für die Ermittlung des Kapitalwertes (Barwertes) die folgende Formel verwendet:

Formel 3: Kapitalwertermittlung mit Barwertfaktor

$$C_0 = bw * K_I \quad \text{(EUR)}$$

K_I Investitionskosten

bw Barwertfaktor

Der Barwertfaktor kann bei üblichen Betrachtungszeiträumen (z.B. 1 bis 20 Jahren) und gängigen Kalkulationszinssätzen (z.B. zwischen 5 und 14,5 %) als Tabellenwert verwendet werden[131]. Alternativ wird eine Ermittlung des Barwertfaktors nach der folgenden Formel vorgenommen:

Formel 4: Ermittlung des Barwertfaktors

$$bw = \frac{q^n - 1}{q^n * (q - 1)}$$

q Der Zinsfaktor (1 + i), i entspricht dem Zinssatz

n Anzahl der Jahre des gewählten Betrachtungszeitraums

bw Barwertfaktor (bw = 9,712249, wenn i = 0,06 und n = 15 Jahre)

Bei einer differenzierteren Betrachtung eines geplanten Investitionsprojektes werden zusätzlich Angaben für die laufenden Zahlungen, z.B. jährliche Heizkosten, Betriebskosten, erfasst. Diese können verfeinert werden, indem die laufenden Zahlungen in Einnahmen und Ausgaben aufgegliedert erfasst und mit jährlichen Preissteigerungsraten bewertet werden. Die vereinfachende Näherungslösung zur Berücksichtigung von Preissteigerungsraten erfolgt, indem diese vom Kalkulationszinssatz abgezogen werden (z.B. Kalkulationszinssatz 6% - Preissteigerungsrate 2% = in der Formel zu

---

[131] Entsprechende Tabellenwerte sind beispielsweise dokumentiert in: Härtl 2007, S. 165 – 173.

verwendender Kalkulationszinssatz 4%). Eine genaue Lösung wird im genannten Beispiel durch aufzinsen mit 6% und abzinsen mit 2% erreicht.[132]

Darüber hinaus wird am Ende des Betrachtungszeitraums der Restwert der Investition berücksichtigt. Für diese differenzierte Betrachtung müssen die Zahlungsströme jährlich erfasst und bilanziert werden. Der Kapitalwert wird mit der folgenden Formel berechnet:

Formel 5: Kapitalwertermittlung unter Berücksichtigung jährlicher Zahlungen

$$C_0 = K_I + \sum_{t=1}^{n} Z \cdot \frac{1}{(1+i)^t} + R \cdot \frac{1}{(1+i)^n} \quad \text{(EUR)}$$

C_0 Kapitalwert

K_I Investitionskosten

n Anzahl der Jahre des gewählten Betrachtungszeitraums

Z Zahlungsdifferenz der jährlichen Ein- und Auszahlungen

i Kalkulationszinssatz

R Restwert bzw. Grundstückswert – Rückbaukosten

Die Kapitalwertmethode ist geeignet, um die absolute Vorteilhaftigkeit einer Investition zu bewerten. Diese ist dann gegeben, wenn der Kapitalwert positiv oder gerade = 0 ist. Je höher der Kapitalwert ist, desto vorteilhafter ist eine Investition. Ein negativer Kapitalwert bedeutet, dass die kalkulierte Verzinsung nicht erreicht wird.[133]

Im folgenden Beispiel wird gezeigt, wie die Kapitalwertmethode vereinfachend zur Bewertung von zwei Investitionsalternativen verwendet werden kann. Die Aufgabe besteht darin, die wirtschaftlich vorteilhaftere Modernisierungsvariante unter Berücksichtigung von Investitionskosten, laufenden Heizkosten und nach einem bestimmten Zeitraum erforderlich werdenden Modernisierungskosten auszuwählen. Bei den untersuchten Varianten werden nur Ausgaben berücksichtigt. Die wirtschaftlich vorteilhaftere Variante ist daher diejenige mit den geringsten Kapitalkosten. Als Rahmenbedingungen werden für beide Varianten eine kalkulatorische Verzinsung für die Heizkosten von 2% (Kalkulationszinssatz 6% - Preissteigerungsrate 4%), für die In-

---

[132] Vgl. Diederichs 2005, S. 233.
[133] Vgl. Diederichs 2005, S. 234.

3.5 Wirtschaftlichkeitsbeurteilung von Energieeinsparstrategien

standsetzungskosten von 3% (Kalkulationszinssatz 6% - Preissteigerungsrate 3%) und ein Betrachtungszeitraum von 50 Jahren angenommen. Die Fälligkeit der Baukosten wird in der Gegenwart angesetzt und ist somit nicht abzuzinsen. Die jährlichen Heizkosten werden mit dem Barwertfaktor multipliziert (vgl. Formel 4) Die Instandsetzungskosten werden auf den angegebenen Zeitpunkt abgezinst. Der Abzinsungsfaktor wird bei üblichen Laufzeiten und Zinssätzen als Tabellenwert eingesetzt, in den anderen Fällen erfolgt die Ermittlung nach der folgenden Formel:

Formel 6: Ermittlung des Abzinsungsfaktors

$$AbF = \frac{1}{q^n}$$

AbF Abzinsungsfaktor (z.B. 0,55 bei q= 1,03 und n=20)

q 1+i (i= Zinssatz, z.B. 0,03)

n Jahre (z.B. 20 Jahre)

Kostenart	Betrag	Jahr	Faktor	Barwert
	EUR/m²			EUR/m²
Baukosten	1.000,00 €	0	1	1.000,00 €
Heizkosten	5,00 €	1 - 50	31,42	157,12 €
Instandsetzung	100,00 €	20	0,55	55,37 €
		40	0,31	30,66 €
Kapitalwert der Modernisierungsmaßnahme 01				1.243,14 €

Abbildung 9: Kapitalwert der Modernisierungsvariante 01[134]

---

[134] Eigene Interpretation unter Verwendung des Beispiels: Kapitalwertvergleich von Außenwänden in: Möller/Kalusche 2007, S. 93.

Kostenart	Betrag	Jahr	Faktor	Barwert
	EUR/m²			EUR/m²
Baukosten	850,00 €	0	1	850,00 €
Heizkosten	2,50 €	1 - 50	31,42	78,56 €
Instandsetzung	50,00 €	10	0,74	37,20 €
		20	0,55	27,68 €
		30	0,31	15,33 €
Kapitalwert der Modernisierungsmaßnahme 02				1.008,78 €

Abbildung 10: Kapitalwert der Modernisierungsvariante 02[135]

Die Modernisierungsvariante 02 führt zu einem geringeren Kapitalwert (der Auszahlungen) und ist somit wirtschaftlich vorteilhafter.

3.5.3 Berechnungsverfahren der Annuitätenmethode

„Die Annuitätenmethode weist als Erfolgskriterium die Annuität, d.h. den finanzmathematischen Durchschnittsgewinn/-verlust der Investition pro Jahr aus."[136] Die Annuität eignet sich somit zum Vergleich von Investitionsvarianten mit unterschiedlich langer Lebensdauer. Im Rahmen der Beurteilung von Energieeinsparinvestitionen werden die jährlichen Kosten den jährlich erzielbaren Einsparungen gegenübergestellt.

Eine Variante der Annuitätenmethode, die vor allem im kommunalen Energiemanagement verbreitet ist, ist das Verfahren zur Ermittlung von Einsparkosten. Hierzu werden die „Netto-Kosten"[137] der energetischen Modernisierungsmaßnahmen mit dem Annuitätenfaktor (a) in jährlich gleiche Raten (Annuitäten) umgerechnet und zur jährlich eingesparten Energiemenge ins Verhältnis gesetzt (Modernisierungskosten EUR/kWh eingesparte Energie). Es ist somit möglich, die jährlichen Einsparkosten mit den Energiekosten zu vergleichen. Die Maßnahme ist wirtschaftlich vorteilhaft, wenn die Energiekosten unter Berücksichtigung von Preissteigerungsraten höher sind, als die Annuitäten der energetisch wirksamen Modernisierungskosten. Die Annuität wird nach der folgenden Formel ermittelt:

---

[135] Eigene Interpretation unter Verwendung des Beispiels: Kapitalwertvergleich von Außenwänden in: Möller/Kalusche 2007, S. 93.
[136] Diederichs 1999, S. 167.
[137] Netto-Kosten = Es werden nur die energetisch wirksamen Mehrkosten gegenüber den ohnehin erforderlichen Instandhaltungskosten berücksichtigt. Diese Vorgehensweise wird unter anderem beschrieben in: IWU 2003, S. 4 „Kopplungsprinzip"; Wuppertal Institut 1997, S. 126 „Nettoinvestitionen".

3.5 Wirtschaftlichkeitsbeurteilung von Energieeinsparstrategien

Formel 7: Ermittlung der Annuität

$$A = C_0 \cdot \frac{(1+i)^n \cdot i}{(1+i)^n - 1}$$

A Annuität (jährlich gleichbleibende Zahlung)

C_0 Kapitalwert

i Kalkulationszinssatz

n Anzahl der Jahre des gewählten Betrachtungszeitraums

In Tabelle 1 ist eine beispielhafte Berechnung der Energieeinsparkosten dargestellt:

Tabelle 1: Beispiel für die Ermittlung von Einsparungen[138]

1	Rechnerische Nutzungsdauer	25 Jahre (n = 25)
2	Investitionskosten	120.000 EUR
3	Mehrkosten Wärmedämmung	70.000 EUR
4	Jährliche Kapitalkosten	4.721 EUR
5	Jährliche Energieeinsparung	78.000 kWh
6	Einsparkosten (4/5)	0,061 EUR/kWh

Die ermittelten Einsparkosten betragen in diesem Beispiel 0,061 EUR/kWh. Je nach Art des verwendeten Energieträgers ist eine Umrechnung von kWh in die Verbrauchsmenge erforderlich, um den Kennwert vergleichen zu können. Für 10 kWh werden rund 1 Liter Heizöl verbraucht. Die untersuchte Variante ist somit wirtschaftlicher, wenn die Heizölkosten über 0,60 EUR/Liter liegen. Es ist davon auszugehen, dass Heizölpreise mit zunehmender Verknappung des Rohstoffes steigen werden.

---

[138] Unter Verwendung von Duscha 1999, S. 27.

3.6 Grundlagen der Modellentwicklung

3.6.1 Zusammenfassung der Modellanforderungen

Die in den vorangegangenen Kapiteln 1 und 2 aufgestellten Anforderungen an ein ganzheitliches Prozessmodell werden in „*Tabelle 2: Modellanforderungen*" zusammengefasst. Die Modellanforderungen werden in vier Haupt- und insgesamt zwölf Unterkategorien gegliedert. Die Hauptkategorien tragen folgende Bezeichnungen:

1. Ganzheitlicher Untersuchungsbereich,
2. Lebenszyklusorientierung,
3. Effiziente Arbeitsprozesse,
4. Zielvorgabe und Ergebniskontrolle.

Zur Erläuterung werden die wichtigsten der in den Kapiteln „*1.2 Zielsetzung*" und „*2 Grundlagen der Energieeffizienzbewertung*" getroffenen Aussagen stichpunktartig den jeweiligen Unterkategorien zugeordnet.

Tabelle 2: Modellanforderungen

Nr.	Bezeichnung	Erläuterungen[139]
1	Ganzheitlicher Untersuchungsbereich	Verknüpfung von technischer und kaufmännischer Betrachtungsweise.
1.1	Nutzungsprozesse	Bewertung von Behaglichkeitsanforderungen der Nutzer, Abgrenzung der Energieverwendung für Basisbedarf (Gebäudebereitstellung) und nutzungsspezifische Unternehmensprozesse, Untersuchungsbereiche: Nutzungsintensität, Nutzungsdauer, Nutzungsart.
1.2	Standort	Klimatische Bedingungen, Baukörperanordnung im Gelände, Orientierung des Gebäudes, Windschutz, Bepflanzung, Untersuchungsbereiche: Wärme, Licht, Luft, Wasser, Boden.

---

[139] Vgl. Kapitel 1.2 Zielsetzung und Kapitel 2 Grundlagen der Energieeffizienzbewertung.

3.6 Grundlagen der Modellentwicklung

1.3	Betriebsprozesse	Gebäudemanagementprozesse: Objekte betreiben, ver- und entsorgen, Energiemanagement durchführen, Systemgrenzen: Nutzenergie, Endenergie und Primärenergie, Untersuchungsbereiche: technisches, kaufmännisches und infrastrukturelles Gebäudemanagement (GM).
1.4	Bauwerk und TGA	Besonderheiten des kommunalen Gebäudebestands: Sonderimmobilien, historisch gewachsen, Rendite- und Vermarktungsinteressen kein Modernisierungsanlass, baukulturelle Bedeutung, Analyse der Technischen Gebäudeausrüstung zur Wärmeerzeugung, Wärmeverteilung, Wärmeübergabe, Untersuchungsbereiche: Architekturform, Gebäudehülle, Ausbaustandard, Flächen, TGA.
2	Lebenszyklusorientierung	Nachhaltige Strategien im Gebäudelebenszyklus.
2.1	Integrale Betrachtung von Lebenszyklusphasen	Berücksichtigung von Gebäudebestandsparametern und Entwicklungsperspektiven.
2.2	Lebenszykluskostenrechnung	Hochrechnungen über die gesamte Nutzungsdauer mit dynamischen Wirtschaftlichkeitsberechnungen.
3	Effiziente Arbeitsprozesse	Minimaler Arbeitsaufwand unter bestmöglicher Ausnutzung verfügbarer Ressourcen.
3.1	Zielorientierte Datenerfassung und Auswertung	Berücksichtigung der Problematik, dass die Energieeinsparpotenziale mit dem Gebäudealter steigen und die Bestandsdokumentation schlechter wird.
3.2	EDV-Unterstützung	Möglichkeit zur integralen Bearbeitung durch mehrere Fachabteilungen und Experten zur Ausnutzung von Synergien, Prozessorientierung statt Einzelfallbearbeitung.
3.3	Fortschreibbarkeit der Ergebnisse	Weitere Verwendbarkeit der erhobenen Daten und Auswertungsergebnisse.
4	Zielvorgabe und Ergebniskontrolle	Identifikation und Ausschöpfung von Optimierungspotenzialen.

4.1	Bildung von Kennwerten zur Energieeffizienzbewertung	Kennwerte als Grundlage für die Steuerung der Energieeffizienzsteigerung.
4.2	Kostenprognose	Einschätzung objektspezifischer Wirksamkeit von baulichen, technischen und organisatorischen Verbesserungsmaßnahmen, Grundlage zur Budgetermittlung.
4.3	Nachweis der Energieeffizienzsteigerung	Dokumentation und Nachweis der Mittelverwendung.

3.6.2 Anforderungserfüllung durch die Benchmarking-Methode

Die Benchmarking-Methode (BE) wird im Kapitel „*3.1 Kennwertermittlung zur Identifikation von Einsparpotenzialen*" dargelegt. Es handelt sich um eine statistische Methode auf der Basis von Kostenkennwerten (Kapitel 3.1.1 Benchmarking mit Betriebskostenkennwerten) oder Verbrauchskennwerten (Kapitel 3.1.2 Benchmarking mit Energiekennwerten). Die Benchmarking-Methode tangiert acht von zwölf Modellanforderungen (vgl. Tabelle 2). Der Erfüllungsgrad liegt somit quantitativ bei 67 %.

Qualitativ werden folgende Beiträge zu den Modellanforderungen geleistet:
1. Klimabereinigung des Verbrauchs unter Berücksichtigung von standortspezifischen Temperaturunterschieden und jährlichen Schwankungen (zu 1.2 Standort).
2. Systematische Erfassung und Auswertung des Endenergieverbrauchs in der Betriebs- und Nutzungsphase von Gebäuden (zu 1.3 Betriebsprozesse).
3. Die systematische Energiekostenerfassung oder Energieverbrauchserfassung und Aufbereitung ist auf der Basis aktueller Daten aus dem Gebäudebetrieb schnell und einfach möglich (zu 3.1 Zielorientierte Datenerfassung und Auswertung).
4. Datenbankanwendungen sowie Erfassungssoftware „EKOMM"[140] und EDV-Programme zur Datenaufbereitung „KW2005"[141] sind für den kommunalen Bereich verfügbar (zu 3.2 EDV-Unterstützung).
5. Die Systematik eignet sich für ein Verbrauchscontrolling über einen längeren Zeitraum (zu 3.3 Fortschreibbarkeit der Ergebnisse).

---
[140] Vgl. Ages 2008, S. 12.
[141] Vgl. Ages 2008, S. 12.

6. Es werden Betriebskostenkennwerte oder Verbrauchskennwerte als Zielwerte einer Vergleichsgruppe definiert (zu 4.1 Bildung von Kennwerten zur Energieeffizienzbewertung).
7. Unter Verwendung von Kennwerten können Energiekosten und Einsparpotenziale geschätzt werden (zu 4.2 Kostenprognose).
8. Durch eine Gegenüberstellung der Kennwerte vor und nach der Modernisierung kann die Energieeffizienzsteigerung bewertet werden (zu 4.3 Nachweis der Energieeffizienzsteigerung).

Nachteilig für die Verwendung im ganzheitlichen Prozessmodell erweisen sich folgende Bereiche:

- Die Bewertung der absoluten Vorteilhaftigkeit ist auf der Basis von Kennwertvergleichen nicht möglich.
- Das maximale Einsparpotenzial wird nicht ausgereizt.
- Für die Benchmarking-Methode wird eine gute Datengrundlage benötigt. Diese Vorraussetzung wird von der großen Anzahl kleiner Kommunen mit weniger als 100.000 Einwohnern, die über keine Energiemanagement- oder Bauabteilung verfügen, nicht erfüllt. Die Erfassung und Auswertung der erforderlichen Bezugsflächen für die Kennwertbildung erfordert entsprechend qualifiziertes Personal.[142]

3.6.3 Anforderungserfüllung durch die EnEV-Methode

Die Berechnungsverfahren der Energieeinsparverordnung (EnEV) werden im Kapitel „3.2 Energetische Bewertung nach Energieeinsparverordnung" erläutert. Es handelt sich um analytische Verfahren. Das Gebäude wird als thermodynamisches System betrachtet. Die Gebäudehülle wird als Systemgrenze definiert und die Energieströme über die Gebäudehülle bilanziert. Die EnEV-Methode (EE) tangiert fünf von zwölf Modellanforderungen (vgl. Tabelle 2). Der Erfüllungsgrad liegt somit quantitativ bei 42 %.

Qualitativ werden folgende Beiträge zu den Modellanforderungen geleistet:
1. Mit Primärenergiekennwerten wird der Aufwand für die Gewinnung und Umwandlung der Energieträger berücksichtigt. Die Verwendung von regenerativen Energieressourcen ist somit im Berechnungsverfahren darstellbar (zu 1.2 Standort).

---

[142] Vgl. Sagebiel 1991, S. 5 – 10; Ages 2008, S. 6.

2. Die Gebäudehülle wird als Systemgrenze für die Bilanzierung der Energieströme betrachtet und mit den Bauteilen von Dach bzw. oberster Geschossdecke, Fassade und Bodenplatte bzw. Kellerdecke beschrieben (zu 1.4 Bauwerk und TGA).
3. Anwendungsschwerpunkt der EnEV-Methode sind Neubauplanungen im Wohnungsbau. Für die Bewertung von Bestandsplanungen werden vereinfachte Annahmen getroffen. Nichtwohngebäudeplanungen sind unter Verwendung der DIN V 18599 mit erhöhten Genauigkeitsanforderungen zu bewerten. Hierzu sind beispielsweise die Bilanzierung unterschiedlicher Nutzungsbereiche (Zonierung) und die Anwendung des Monatsbilanzverfahrens zu nennen (zu 2.1 Integrale Betrachtung von Lebenszyklusphasen).
4. Energieberatungssoftware für die Erstellung von erforderlichen Nachweisen (Energieverbrauchsausweis oder Energiebedarfsausweis) nach Energieeinsparverordnung ist von unterschiedlichen Anbietern verfügbar (zu 3.2 EDV-Unterstützung).
5. Zum Nachweis der energetischen Qualität von Neubau- oder Umbauplanungen werden Kennwerte gebildet. Der wichtigste Kennwert der EnEV-Methode ist der jährliche Primärenergiebedarf pro Bezugsflächeneinheit (kWh/m^2 x a). Die Verwendbarkeit ist nur innerhalb der EnEV-Methode gegeben. Gründe dafür sind beispielsweise die Verwendung von EnEV-spezifischen Faktoren für die Primärenergieermittlung und abstrakte Rechenwerte für die Nutzflächenermittlung. Letztere weichen von den üblichen Ermittlungsverfahren für Flächen und Rauminhalte nach DIN 277 ab (zu 4.1 Bildung von Kennwerten zur Energieeffizienzbewertung).

Nachteilig für die Verwendung im ganzheitlichen Prozessmodell erweisen sich folgende Bereiche:

- Der Arbeitsaufwand für die Bestandsbewertung ist sehr hoch, wenn keine aktuelle Planungsgrundlage vorhanden ist. Zielsetzung der EnEV-Methode ist die Bewertung von Planungen für Neubauten oder Bestandsmaßnahmen. Bewertungsgrundlage ist somit eine aktuelle und vollständige Objektplanung mit den erforderlichen Detailinformationen für das Bewertungsverfahren. Im Gebäudebestand liegen entsprechend detaillierte und vollständige Informationen nicht vor. Die Anwendung der EnEV-Methode setzt somit einen erhöhten Datenerfassungsaufwand voraus (zu 3.1 Zielorientierte Datenerfassung und Auswertung).

- Die EnEV-Methode wird zur Einzelfallbearbeitung verwendet. Die Bewertungsergebnisse sind zur Überprüfung der erreichten Effizienzsteigerung nicht verwendbar, weil objektspezifische Parameter, wie beispielsweise Nutzungs- und Betriebsprozesse sowie Einflussfaktoren des Gebäudestandortes, im Rahmen des Berechnungsverfahrens abstrahiert oder ausgeblendet werden (zu 3.3 Fortschreibbarkeit der Ergebnisse).

3.6.4 Anforderungserfüllung durch die Contracting-Methode

Das Verfahren zur „Konzeption und Umsetzung von Energiespar-Contracting" (vgl. Kapitel 3.3) wird vereinfachend als Contracting-Methode (CO) bezeichnet. Zielsetzung der Contracting-Methode ist die Planung und Umsetzung von Energieeinsparungen und Kostenreduzierungen im Gebäudebetrieb. Ausgangslage der Bewertung ist die Betriebs- und Nutzungsphase von Bestandsgebäuden. Die Methode liefert Grundlagen zu zehn von zwölf Modellanforderungen (vgl. Tabelle 2). Der Erfüllungsgrad liegt somit quantitativ bei 83 %.

Qualitativ werden folgende Beiträge zu den Modellanforderungen geleistet:

1. Die Contracting-Methode liefert eine Systematik zur detaillierten Erfassung der Gebäudenutzungsart, Nutzungszeiten und Anzahl der Nutzer und Bediensteten. Außerdem werden geplante Nutzungsänderungen erfasst. Darüber hinaus findet eine Dokumentation der Gebäudekomfortkonditionen statt. Diese dient der Überprüfung und Erfüllung von Behaglichkeitsanforderungen (zu 1.1 Nutzungsprozesse).
2. Erfassung und Auswertung von standortspezifischen Gradtagzahlen (zu 1.2 Standort).
3. Verbrauchs- und Abrechnungskonditionen für die Energieversorgung werden detailliert erfasst. Energieverbrauch und Energiekosten werden inkl. wesentlicher Einflussfaktoren dokumentiert (zu 1.3 Betriebsprozesse).
4. Wesentliche Gebäudegeometriekenndaten werden erhoben. Bisher erfolgte Modernisierungs- und Instandsetzungsmaßnahmen werden systematisch erfasst. Ein Schwerpunkt besteht in der Dokumentation von umfangreichen Detailinformationen zur TGA: Beispielsweise die Erfassung von elektrischen Großverbrauchern und der Anzahl und Typen der Wärmeerzeugung mit Leistungs- und Verbrauchsangaben sowie Baujahren. Außerdem wird die vorhandene Wärmeverteilung und Wärmeübergabe beispielsweise mit Angaben zu Heizungstypen, Heizkreisen und Regelungseinrichtungen dokumentiert.

Neben den Bauarten des Bauwerks und dessen Ausstattungen wird auch der Gebäudezustand unter Berücksichtigung von Baumängeln erhoben (zu 1.4 Bauwerk und TGA).

5. Grundlage der Bewertung ist die Betriebs- und Nutzungsphase. Auf dieser Basis werden Energieeinsparmöglichkeiten konzipiert, umgesetzt und nach Realisierung überprüft (zu 2.1 Integrale Betrachtung von Lebenszyklusphasen).
6. Im Rahmen von Lebenszykluskostenbetrachtungen werden mögliche Energieeinsparungen prognostiziert und bewertet. Für die Auswahl von Energieeinsparvarianten werden Wirtschaftlichkeitsberechnungen verwendet (zu 2.2 Hochrechnungen über gesamte Nutzungsdauer).
7. Die Contracting-Methode wird zur Einzelfallbewertung verwendet (zu 3.3 Fortschreibbarkeit der Ergebnisse).
8. Es werden objektspezifische Verbrauchs- und Kostenkennwerte ermittelt und im Rahmen des Contractings verwendet (zu 4.1 Bildung von Kennwerten zur Energieeffizienzbewertung).
9. Konzeption, Planung und Umsetzung von Energieeffizienzsteigerungen erfolgen auf einheitlicher Datengrundlage und dienen zur Prognoseerstellung (zu 4.2. Kostenprognose).
10. Diese wird auch zum Nachweis erzielter Energieeffizienzsteigerungen verwendet (4.3 Nachweis der Energieeffizienzsteigerung).

Nachteilig für die Verwendung im ganzheitlichen Prozessmodell erweisen sich folgende Bereiche:

- Der Schwerpunkt der Contracting-Methode liegt auf kurzfristig realisierbaren Energieeffizienzsteigerungen in der Regel im Bereich von organisatorischen und anlagentechnischen Verbesserungsmaßnahmen. Die untersuchten kommunalen Praxisbeispiele für Intracting-Modelle umfassten vor allem geringinvestive Maßnahmen. Im Bereich baulicher Verbesserungsmaßnahmen liegen bisher wenige Erfahrungen im Rahmen der Anwendung von Contracting-Methoden vor.
- Ein hoher Detaillierungsgrad der Datenerfassung ist in Bezug auf die Datenverwendung als Datengrundlage für eine erfolgsabhängige Vergütung nach realisierter Effizienzsteigerung erforderlich (zu 3.1 Zielorientierte Datenerfassung und Auswertung).

- Über mögliche EDV-Unterstützung des Verfahrens liegen keine Informationen vor. Die EDV-Unterstützung der umfangreichen Datenerfassung und Auswertung wird jedoch als möglich und sinnvoll erachtet.
- Die Erkenntnisgewinne im Rahmen des Contractings werden vor allem vom Contracting-Partner genutzt. Im Falle von Contractingvereinbarungen mit externen Partnern geht den Kommunen das gewonnene Wissen über durchgeführte energetische Verbesserungen verloren.

3.6.5 Anforderungserfüllung durch die Energiemanagement-Methode

Das „ganzheitliche Energiemanagement" wird im Kapitel 3.4 am Beispiel des kommunalen Aufgabenbereichs erläutert und künftig vereinfachend als Energiemanagement-Methode (EM) bezeichnet. Zielsetzung der Energiemanagement-Methode ist die Überprüfung und Optimierung des Energieverbrauchs in der Betriebs- und Nutzungsphase von Bestandsgebäuden. Wesentliche Grundlage für die Entwicklung von energetischen Verbesserungsmaßnahmen ist die systematische Verbrauchserfassung und -auswertung. Die Methode liefert Grundlagen zu neun von zwölf Modellanforderungen (vgl. Tabelle 2). Der Erfüllungsgrad liegt somit quantitativ bei 75 %.

Qualitativ werden folgende Beiträge zu den Modellanforderungen geleistet:

1. Die Überprüfung des Nutzerverhaltens und organisatorischer Rahmenbedingungen erfolgt anhand von Checklisten im Rahmen der Grobanalyse (zu 1.1 Nutzungsprozesse).
2. Einen Beitrag für das technische Gebäudemanagement bildet die Verbrauchskontrolle mit den Teilprozessen: Verbrauchserfassung, Witterungsbereinigung und Verbrauchsauswertung. Im Rahmen der kaufmännischen Betriebsprozesse sind die Energiebeschaffung, Vertragsvereinbarungen mit den Energieversorgungsunternehmen und die Anpassung der Vertragskonditionen sowie die Rechnungsprüfungen zu beachten (zu 1.3 Betriebsprozesse).
3. Die Gebäudeanalyse wird in die Aufgabenbereiche der Grobanalyse und der Feinanalyse untergliedert. Zielsetzung ist die Identifizierung von organisatorischen, baulichen und technischen Verbesserungsmaßnahmen. Die Grobanalyse von Gebäuden mit vergleichsweise hohem Verbrauch erfolgt vor Ort. Für die Feinanalyse werden vertiefende Auswertungen auf Basis der Bau- und Anlagendokumentation durchgeführt (zu 1.4 Bauwerk und TGA).
4. Schwerpunkt des Energiemanagements ist die Betriebs- und Nutzungsphase der Gebäude. Der Leistungsumfang der Energiemanagementabteilungen um-

fasst die Erstellung von Prioritätenlisten, Modernisierungs- und Finanzierungsplanungen sowie die Beratung bei Neubauprojekten (zu 2.1 Integrale Betrachtung von Lebenszyklusphasen).

5. Durch die Einbeziehung und Schulung des Betriebspersonals werden Synergien genutzt (zu 3.1 Zielorientierte Datenerfassung und Auswertung).
6. Für die Datenerfassung und Auswertung wird je nach Größe und Ausstattung der Energiemanagementabteilungen und unter Berücksichtigung der Intensität der Zusammenarbeit mit den Energieversorgungsunternehmen entsprechende Software verwendet (zu 3.2 EDV-Unterstützung).
7. Fortschreibungsmöglichkeiten bestehen auf der Grundlage der Gebäudestammdatenerfassung und Kennwertbildung (zu 3.3 Fortschreibbarkeit der Ergebnisse).
8. Bewertung des Energieverbrauchs auf der Basis von Kennwerten (zu 4.1 Kennwertermittlung).
9. Ermittlung von Energieeinsparkosten und Ermittlung von Einsparpotenzialen (zu 4.2 Kostenprognose).

Nachteilig für die Verwendung im ganzheitlichen Prozessmodell erweisen sich folgende Bereiche:

- Ganzheitliche, übergeordnete Strategien für langfristige Betrachtungsräume fehlen im kommunalen Energiemanagement. Die politischen Wahlperioden und geringe Investitionsmittel erfordern kurze Betrachtungszeiträume und Amortisationsdauern von weniger als fünf Jahren.
- Inhaltliche Schwerpunkte sind somit vorwiegend organisatorische und betriebstechnische Verbesserungen mit geringem Investitionsvolumen.
- Aufgrund der Schwerpunktsetzung auf kurze Betrachtungszeiträume fehlen Grundlagen für mittel- bis langfristige Planungen und Erfolgskontrollen unter Berücksichtigung von Lebenszykluskostenbetrachtungen.

3.6.6 Anforderungserfüllung durch die Barwert-Methode

Die Barwert-Methode (BW) wird im Kapitel 3.5 *„Wirtschaftlichkeitsbeurteilung von Energiesparstrategien"* dargelegt. Es handelt sich um eine finanzmathematische Methode zur dynamischen Wirtschaftlichkeitsberechnung. Die Barwert-Methode tangiert sechs von zwölf Modellanforderungen (vgl. Tabelle 2). Der Erfüllungsgrad liegt somit quantitativ bei 50 %.

Qualitativ werden folgende Beiträge zu den Modellanforderungen geleistet:

3.6 Grundlagen der Modellentwicklung

1. Zur Festlegung angemessener Betrachtungszeiträume werden übliche Nutzungsdauern und Ersatzzeitpunkte für Bauteile und Technische Anlagen zugrunde gelegt. Für die Kostenkennwertbildung werden objektspezifische Bezugseinheiten, z.B. auf Flächenbasis, verwendet (zu 1.4 Bauwerk und TGA).
2. Dynamische Wirtschaftlichkeitsberechnungen berücksichtigen den Zahlungszeitpunkt und sind für Lebenszykluskostenbetrachtungen geeignet (zu 2.2 Hochrechnungen über gesamte Nutzungsdauer).
3. Der Arbeitsaufwand ist abhängig von den Genauigkeitsanforderungen und den verfügbaren Datengrundlagen. Mindestens erforderliche Daten sind: Nutzungsdauer, Investitions- und Folgekostenkennwerte sowie ein angemessener Kalkulationszinssatz (zu 3.1 Zielorientierte Datenerfassung und Auswertung).
4. Die EDV-Unterstützung erfolgt mit Standard-Software (zu 3.2 EDV-Unterstützung).
5. Die Wirtschaftlichkeitsberechnungen werden mit dem Ziel der Variantenbeurteilung und Auswahl durchgeführt. In diesem Rahmen sind die Ergebnisse fortschreibbar (zu 3.3 Fortschreibbarkeit der Ergebnisse).
6. Dynamische Wirtschaftlichkeitsberechnungsverfahren sind für Lebenszykluskostenbetrachtungen geeignet (zu 4.2 Kostenprognose).

Nachteilig für die Verwendung im ganzheitlichen Prozessmodell erweist sich folgender Bereich:

- Qualitative Bewertungen können mit dem finanzmathematischen Verfahren nicht durchgeführt werden.

3.6.7 Zusammenfassung der Modellanforderungserfüllung

Tabelle 3: Beiträge vorhandener Methoden

Nr.	Modellanforderung	Beiträge vorhandener Methoden zur Anforderungserfüllung
1	Ganzheitlicher Untersuchungsbereich	Verknüpfung von technischer und kaufmännischer Betrachtungsweise

1.1	Nutzungsprozesse	**Contracting-Methode:** Eine Erfassungssystematik für die Gebäudenutzungsart, Nutzungszeiten und Anzahl der Nutzer und Bediensteten wird verwendet. Es werden auch „geplante Nutzungsänderungen" erfasst. Gebäudekomfortkonditionen werden zur Überprüfung und Erfüllung von Behaglichkeitsanforderungen dokumentiert. **Energiemanagement-Methode:** Die Überprüfung des Nutzerverhaltens und organisatorischer Rahmenbedingungen erfolgt anhand von Checklisten im Rahmen der Grobanalyse.
1.2	Standort	**Benchmarking-Methode:** Klimabereinigung des Verbrauchs unter Berücksichtigung von standortspezifischen Temperaturunterschieden und jährlichen Schwankungen. **EnEV-Methode:** Mit Primärenergiekennwerten wird der Aufwand für die Gewinnung und Umwandlung der Energieträger berücksichtigt. Die Verwendung von regenerativen Energieressourcen ist somit im Berechnungsverfahren darstellbar. **Contracting-Methode:** Erfassung und Auswertung von standortspezifischen Gradtagzahlen.
1.3	Betriebsprozesse	**Benchmarking-Methode:** Systematische Erfassung und Auswertung des Endenergieverbrauchs in der Betriebs- und Nutzungsphase von Gebäuden. **Contracting-Methode:** Verbrauchs- und Abrechnungskonditionen für die Energieversorgung werden detailliert erfasst. Energieverbrauch und Energiekosten werden inkl. wesentlicher Einflussfaktoren dokumentiert. **Energiemanagement-Methode:** Einen Beitrag für das technische Gebäudemanagement bildet die Verbrauchskontrolle mit folgenden Teilprozessen: Verbrauchserfassung, Witterungsbereinigung und Verbrauchsauswertung. Im Rahmen der kaufmännischen Betriebsprozesse sind die Energiebeschaffung, Vertragsvereinbarungen mit den Energieversorgungsunternehmen und die Anpassung der Vertragskonditionen sowie die Rechnungsprüfungen zu beachten.

1.4	Bauwerk und TGA	**EnEV-Methode:** Die Gebäudehülle wird als Systemgrenze für die Bilanzierung der Energieströme betrachtet und mit den Bauteilen von Dach bzw. oberster Geschossdecke, Fassade und Bodenplatte bzw. Kellerdecke beschrieben. **Contracting-Methode:** Wesentliche Gebäudegeometriekenndaten werden erhoben. Bisher erfolgte Modernisierungs- und Instandsetzungsmaßnahmen werden systematisch erfasst. Ein Schwerpunkt besteht in der Dokumentation von umfangreichen Detailinformationen zur TGA: Beispielsweise die Erfassung von elektrischen Großverbrauchern und der Anzahl und Typen der Wärmeerzeugung mit Leistungs- und Verbrauchsangaben sowie Baujahren. Außerdem wird die vorhandene Wärmeverteilung und Wärmeübergabe beispielsweise mit Angaben zu Heizungstypen, Heizkreisen und Regelungseinrichtungen dokumentiert. Neben den Bauarten des Bauwerks und dessen Ausstattungen wird auch der Gebäudezustand unter Berücksichtigung von Baumängeln erhoben. **Energiemanagement-Methode:** Die Gebäudeanalyse wird in die Aufgabenbereiche der Grobanalyse und der Feinanalyse untergliedert. Zielsetzung ist die Identifizierung von organisatorischen, baulichen und technischen Verbesserungsmaßnahmen. Die Grobanalyse von Gebäuden mit vergleichsweise hohem Verbrauch erfolgt vor Ort. Für die Feinanalyse werden vertiefende Auswertungen auf Basis der Bau- und Anlagendokumentation durchgeführt. **Barwert-Methode:** Zur Festlegung angemessener Betrachtungszeiträume werden übliche Nutzungsdauern und Ersatzzeitpunkte für Bauteile und Technische Anlagen zugrunde gelegt. Für die Kostenkennwertbildung werden objektspezifische Bezugseinheiten, z.B. auf Flächenbasis, verwendet.
2	Lebenszyklusorientierung	Nachhaltige Strategien im Gebäudelebenszyklus

2.1	Integrale Betrachtung von Lebenszyklusphasen	**EnEV-Methode:** Das Hauptanwendungsgebiet bilden Neubauplanungen im Wohnungsbau. Für die Bewertung von Bestandsplanungen werden vereinfachte Annahmen getroffen. Nichtwohngebäudeplanungen sind unter Verwendung der DIN V 18599 mit erhöhten Genauigkeitsanforderungen zu bewerten. Hierzu sind beispielsweise die Bilanzierung unterschiedlicher Nutzungsbereiche (Zonierung) und die Anwendung des Monatsbilanzverfahrens zu nennen. **Contracting-Methode:** Grundlage der Bewertung ist die Betriebs- und Nutzungsphase. Auf dieser Basis werden Energieeinsparmöglichkeiten konzipiert, umgesetzt und nach Realisierung überprüft. **Energiemanagement-Methode:** Schwerpunkt des Energiemanagements ist die Betriebs- und Nutzungsphase der Gebäude. Der Leistungsumfang der Energiemanagementabteilungen umfasst die Erstellung von Prioritätenlisten, Modernisierungs- und Finanzierungsplanungen sowie die Beratung bei Neubauprojekten.
2.2	Hochrechnungen über gesamte Nutzungsdauer	**Contracting-Methode:** Im Rahmen von Lebenszyklusbetrachtungen werden mögliche Energieeinsparungen prognostiziert und bewertet. Für die Auswahl von Energieeinsparvarianten werden Wirtschaftlichkeitsberechnungen verwendet. **Barwert-Methode:** Dynamische Wirtschaftlichkeitsberechnungen berücksichtigen den Zahlungszeitpunkt und sind für Lebenszykluskostenbetrachtungen geeignet.
3	Effiziente Arbeitsprozesse	Minimaler Arbeitsaufwand unter bestmöglicher Ausnutzung verfügbarer Ressourcen

3.6 Grundlagen der Modellentwicklung

3.1	Zielorientierte Datenerfassung und Auswertung	**Benchmarking-Methode:** Die systematische Energiekostenerfassung oder Energieverbrauchserfassung und Aufbereitung ist auf der Basis aktueller Daten aus dem Gebäudebetrieb schnell und einfach möglich. **Energiemanagement-Methode:** Durch die Einbeziehung und Schulung des Betriebspersonals werden Synergien genutzt. **Barwert-Methode:** Der Arbeitsaufwand ist abhängig von den Genauigkeitsanforderungen und den verfügbaren Datengrundlagen. Mindestens erforderliche Daten sind: Nutzungsdauer, Investitions- und Folgekostenkennwerte sowie ein angemessener Kalkulationszinssatz.
3.2	EDV-Unterstützung	**Benchmarking-Methode:** Datenbankanwendungen und Erfassungssoftware sind für den kommunalen Bereich verfügbar. **EnEV-Methode:** Energieberatungssoftware für die Erstellung von erforderlichen Nachweisen (Energieverbrauchsausweis oder Energiebedarfsausweis) nach Energieeinsparverordnung ist von unterschiedlichen Anbietern verfügbar. **Energiemanagement-Methode:** Für die Datenerfassung und Auswertung wird je nach Größe und Ausstattung der Energiemanagementabteilungen und unter Berücksichtigung der Intensität der Zusammenarbeit mit den Energieversorgungsunternehmen entsprechende Software verwendet. **Barwert-Methode:** Die EDV-Unterstützung erfolgt mit Standard-Software.

3.3	Fortschreibbarkeit der Ergebnisse	**Benchmarking-Methode:** Die Systematik eignet sich für ein Verbrauchscontrolling über einen längeren Zeitraum. **Contracting-Methode:** Die Contracting-Methode wird zur Einzelfallbewertung verwendet. **Energiemanagement-Methode:** Fortschreibungsmöglichkeiten bestehen auf der Grundlage der Gebäudestammdatenerfassung und Kennwertbildung. **Barwert-Methode:** Die Wirtschaftlichkeitsberechnungen werden mit dem Ziel der Variantenbeurteilung und Auswahl durchgeführt. In diesem Rahmen sind die Ergebnisse fortschreibbar.
4	Zielvorgabe und Ergebniskontrolle	Identifikation und Ausschöpfung von Optimierungspotenzialen
4.1	Bildung von Kennwerten zur Energieeffizienzbewertung	**Benchmarking-Methode:** Es werden Betriebskostenkennwerte oder Verbrauchskennwerte als Zielwerte einer Vergleichsgruppe definiert. **EnEV-Methode:** Zum Nachweis der energetischen Qualität von Neubau- oder Umbauplanungen werden Kennwerte gebildet. Der wichtigste Kennwert der EnEV-Methode ist der jährliche Primärenergieverbrauch pro Bezugsflächeneinheit ($kWh/m^2 \times a$). Die Verwendbarkeit ist nur innerhalb der EnEV-Methode gegeben. Gründe dafür sind beispielsweise die Verwendung von EnEV-spezifischen Faktoren für die Primärenergieermittlung und abstrakte Rechenwerte für die Nutzflächenermittlung. Letztere weichen von den üblichen Ermittlungsverfahren für Flächen und Rauminhalte nach DIN 277 ab. **Contracting-Methode:** Es werden objektspezifische Verbrauchs- und Kostenkennwerte ermittelt und im Rahmen des Contractings verwendet.

3.6 Grundlagen der Modellentwicklung

4.2	Energiekosten-prognose	**Benchmarking-Methode:** Unter Verwendung von Kennwerten können Energiekosten und Einsparpotenziale geschätzt werden. **Contracting-Methode:** Konzeption, Planung und Umsetzung von Energieeffizienzsteigerungen erfolgen auf einheitlicher Datengrundlage und dienen zur Prognoseerstellung. **Energiemanagement-Methode:** Bildung von Verbrauchs- und Kostenkennwerten sowie Ermittlung von Einsparkosten. **Barwert-Methode:** Dynamische Wirtschaftlichkeitsberechnungsverfahren sind für Lebenszykluskostenbetrachtungen geeignet.
4.3	Nachweis der Energieeffizienz-steigerung	**Benchmarking-Methode:** Durch eine Gegenüberstellung der Kennwerte vor und nach der Modernisierung kann die Energieeffizienzsteigerung bewertet werden. **Contracting-Methode:** Die erfasste Datenbasis wird auch zum Nachweis erzielter Energieeffizienzsteigerungen verwendet.

3.6.8 Verwendung vorhandener Methoden für die Modellentwicklung

Zusammenfassend wird festgestellt, dass die untersuchten Methoden für die Modellentwicklung grundsätzlich verwendbar sind. Durch die Integration der vorhandenen Methoden sind Beiträge zu sämtlichen Modellanforderungskategorien möglich (vgl. Abbildung 11).

Keine der untersuchten Methoden erfüllt die insgesamt zwölf Modellanforderungen (vgl. Tabelle 2) vollständig. Die Contracting-Methode (CO) und die Energiemanagement-Methode (EM) leisten die vergleichsweise höchsten Anteile zur Anforderungserfüllung (vgl. Abbildung 12).

Keine der zwölf Modellanforderungen wird von allen fünf untersuchten Methoden erfüllt. Die meisten der vorhandenen Methoden liefern Beiträge zu den Teilkategorien: Bauwerk + TGA, EDV-Unterstützung, Fortschreibbarkeit, Kennwertbildung und Kostenprognose. Die wenigsten Grundlagen sind im Rahmen vorhandener Methoden für die Bereiche Effizienznachweis, Lebenszyklusbetrachtung und Nutzungsprozesse verfügbar (vgl. Abbildung 13).

Für die Modellentwicklung bedeutet dieses Ergebnis, dass eine Zusammenfassung der vorhandenen Methoden nicht ausreicht, um die Modellanforderungen zu erfüllen. Es ist erforderlich, den Kenntnisstand der vorhandenen Methoden weiterzuentwickeln und zu ergänzen (vgl. Abbildung 14).

Modellanforderungen	Integration vorhandener Methoden						
	BE	EE	CO	EM	BW	Summe	Prozent
1.1 Nutzungsprozesse	0	0	1	1	0	2	40%
1.2 Standort	1	1	1	0	0	3	60%
1.3 Betriebsprozesse	1	0	1	1	0	3	60%
1.4 Bauwerk + TGA	0	1	1	1	1	4	80%
2.1 Integrale Betrachtung	0	1	1	1	0	3	60%
2.2 Lebenszykluskosten	0	0	1	0	1	2	40%
3.1 Datenerfassung	1	0	0	1	1	3	60%
3.2 EDV-Unterstützung	1	1	0	1	1	4	80%
3.3 Fortschreibbarkeit	1	0	1	1	1	4	80%
4.1 Kennwertbildung	1	1	1	1	0	4	80%
4.2 Kostenprognose	1	0	1	1	1	4	80%
4.3 Effizienznachweis	1	0	1	0	0	2	40%
Summe	8	5	10	9	6		
Prozent	67%	42%	83%	75%	50%		

Abbildung 11: Gesamtübersicht Methodenintegration[143]

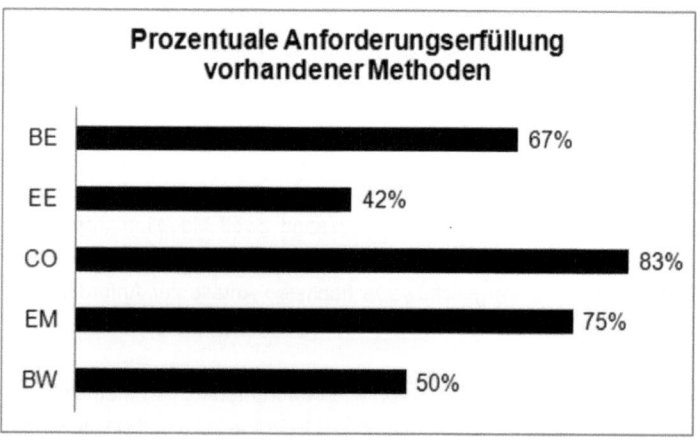

Abbildung 12: Prozentuale Anforderungserfüllung vorhandener Methoden

---

[143] Legende: BE = Benchmarking-Methode, EE = EnEV-Methode, CO = Contracting-Methode, EM = Energiemanagement-Methode, BW = Barwert-Methode.

3.6 Grundlagen der Modellentwicklung

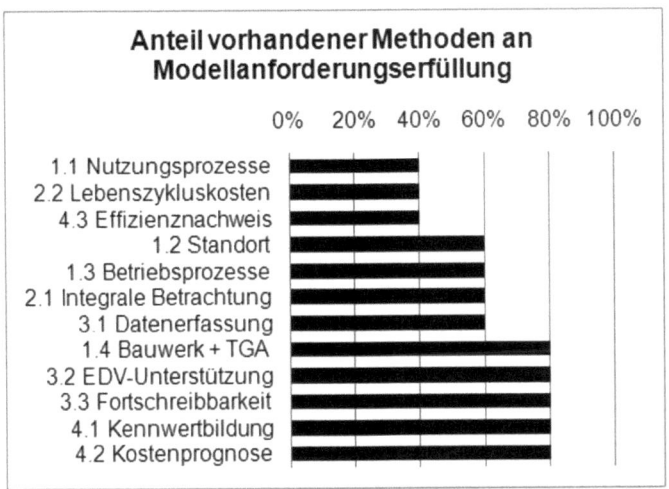

Abbildung 13: Anteil vorhandener Methoden an Modellanforderungserfüllung

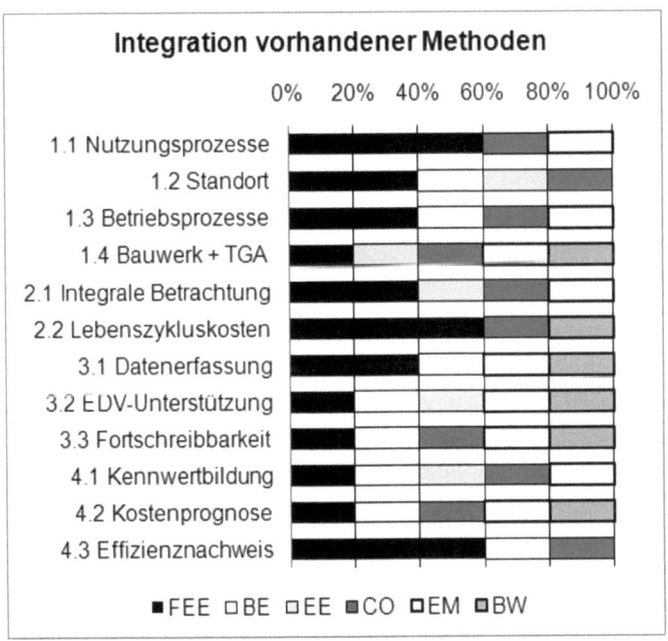

Abbildung 14: Entwicklung und Integration vorhandener Methoden

4 Entwicklung eines ganzheitlichen Prozessmodells

4.1 Grobstruktur des Prozessmodells

Das „Facility Efficiency Evaluation (FEE) – Modell" wird in vier Hauptprozesse untergliedert.

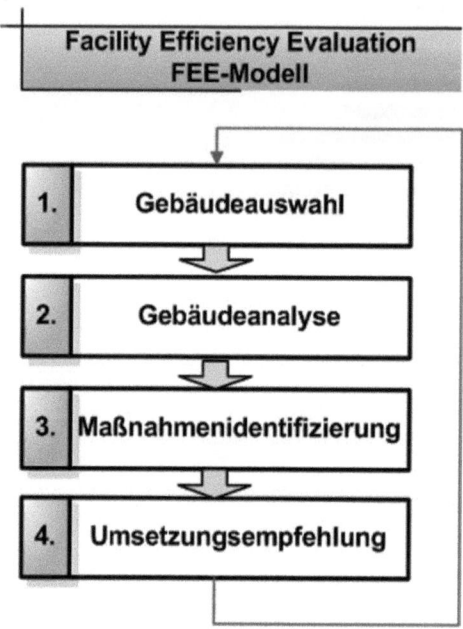

Abbildung 15: Aufbau des FEE-Modells

In die Entwicklung des Prozessmodells sind Grundlagen der im Kapitel 3 untersuchten Methoden eingeflossen. Der erste Hauptprozess „Gebäudeauswahl" ist erforderlich, um diejenigen Gebäude zu identifizieren, deren energetische Modernisierung besonders hohe Einsparpotenziale im Verhältnis zum erforderlichen Aufwand erwarten lässt. Die Bildung von Kennzahlen zur Gebäudeauswahl orientiert sich an der „Benchmarking-Methode". Der zweite Hauptprozess „Gebäudeanalyse" ist in Teilprozesse zur Energieeffizienzbewertung untergliedert, die für die ausgewählten Gebäude durchzuführen sind. Für diesen Prozess haben vor allem die analytischen Verfahren der „EnEV-Methode" und die detaillierten Datenerfassungs- und Auswertungsverfahren der „Contracting-Methode" Berücksichtigung gefunden. Die Gebäudeanalyse bildet die Grundlage für die Maßnahmenidentifizierung von organisatorischen, baulichen und technischen Verbesserungsmaßnahmen zur Energieeffizienzsteigerung.

Schwerpunktmäßige Berücksichtigung findet hier die „*Energiemanagement-Methode*" mit ihren Aufgabenbereich der Gebäudeanalyse. Die Modernisierungsmaßnahmen werden hinsichtlich ihrer Einsparkosten und Maßnahmeneffizienz priorisiert und auf dieser Basis Umsetzungsempfehlungen abgeleitet. Die Lebenszyklusbetrachtung erfolgt unter Verwendung von finanzmathematischen Berechnungsverfahren der „*Barwert-Methode*". Im Rahmen der Modellentwicklung werden die vorhandenen Methoden nicht nur integriert sondern auch weiterentwickelt und ergänzt. Das Modell ist so angelegt, dass die in der Anwendung gewonnenen Erfahrungen, im Sinne einer kontinuierlichen Verbesserung, zur Weiterentwicklung der Prozesse verwendet werden können.

Der Zeitaufwand für die Bearbeitung richtet sich nach der Objektgröße und Verfügbarkeit der erforderlichen Objektinformationen. Im Durchschnitt kann ein Arbeitsaufwand für die Erfassung und Auswertung von 10 bis 20 Minuten pro Gebäude einkalkuliert werden. Die Erläuterung der Arbeitsschritte erfolgt unter Berücksichtigung der jeweils benötigten Informationen und deren Aufbereitung und weiteren Verwendung. Am Beispiel des Prozessablaufes Gebäudeanalyse erfolgt eine exemplarische Vertiefung. Hierzu werden die wichtigsten Formeln dokumentiert und erläutert. Am Ende dieses Kapitels wird eine beispielhafte Gebäudeanalyse schrittweise dokumentiert. Hierzu werden die jeweiligen Datenerfassungs-, Auswertungs- und Berechnungsschritte am Beispiel der Bewertung eines Bestandsgebäudes dargestellt. Die Berechnungen werden auf Basis der zuvor erläuterten Formeln mit der Tabellenkalkulationssoftware Excel durchgeführt.

4.2 Prozessablauf Gebäudeauswahl

Zielsetzung der systematischen Gebäudeauswahl ist es, in größeren Gebäudebeständen diejenigen Gebäude zu identifizieren, deren energetische Modernisierung besonders hohe Einsparpotenziale im Verhältnis zum erforderlichen Verbesserungs- bzw. Modernisierungsaufwand erwarten lässt. Zunächst wird die Ausgangslage an hand der Zielkategorien Heizungsart, Modernisierungs- oder Baujahr, Nutzungsintensität und Bruttogrundfläche (BGF) erfasst.

Tabelle 4: Beispiel Bestandsdatenerfassung Gebäudeauswahl

Gebäude	Heizungsart	Modernisierung oder Baujahr	Nutzungsintensität (V_{bh})	BGF (m^2)
Nr. 1	zentral	1960	1.100	2.000
Nr. 2	zentral	1980	1.300	1.400

Der Erfüllungsgrad der aufgestellten Zielkategorien wird mit Kennwerten bewertet. Das 1. und 2. Teilziel wird mit dem Kennwert 10 bewertet, wenn die Frage mit „ja" beantwortet wird. Bei negativer Antwort ist der Kennwert 0. Die Kennwerte für das 3. und 4. Teilziel werden berechnet, indem die Bestandsdaten durch 100 dividiert werden. Die Summe der Kennwerte gibt die Priorität an. Je höher die Kennwertsumme, desto höher ist die Priorität. Eine hohe Priorität entspricht einem erwarteten hohen Einsparpotenzial für das zu untersuchende Gebäude.

Tabelle 5: Beispiel Priorisierung der Gebäudeauswahl

Teilziele/Gebäude	Nr. 1	Nr. 2
1. Zentral beheizt?	10	10
2. Mod./Baujahr vor 1984?	10	10
3. Nutzungsintensiv? (V_{bh}/100)	11	13
4. Größe BGF? (m^2 BGF/100)	20	14
Kennwert	51	47
Priorität	1	2

Die Priorisierung der Gebäudeauswahl ergibt die folgende Reihung nach der Höhe der erwarteten Einsparpotenziale:

1. Gebäude Nr. 1,
2. Gebäude Nr. 2.

Es ist somit empfehlenswert zunächst Gebäude Nr. 1 und dann Gebäude Nr. 2 einer genauen Untersuchung im Prozessablauf „*Gebäudeanalyse*" zu unterziehen.

4.2 Prozessablauf Gebäudeauswahl

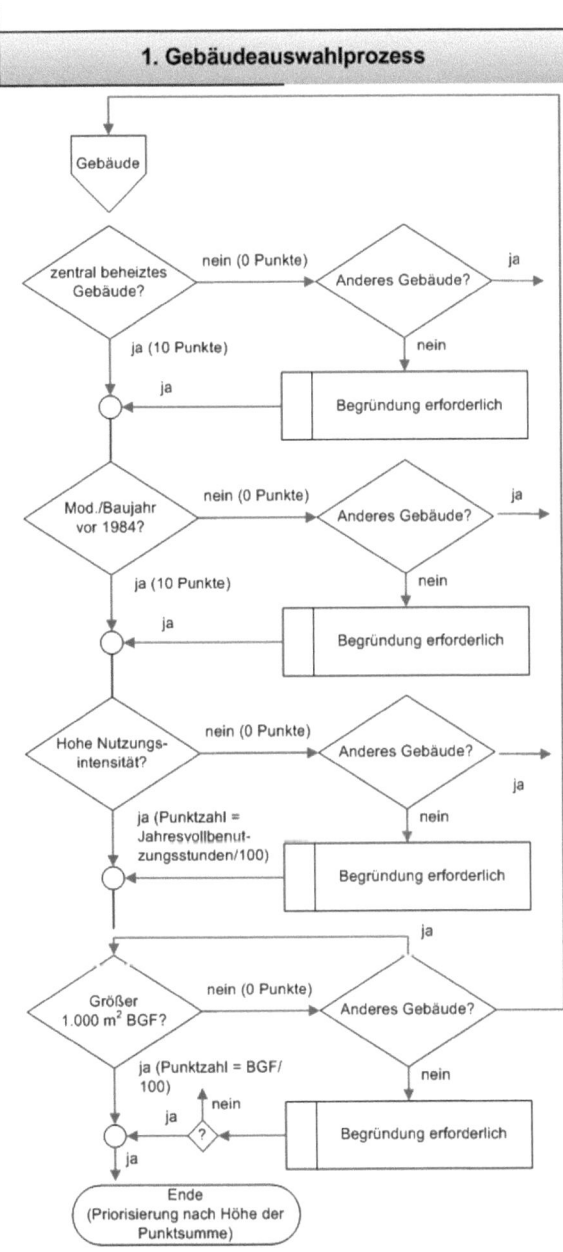

Abbildung 16: Prozessablauf Gebäudeauswahl

4.3 Prozessablauf Gebäudeanalyse

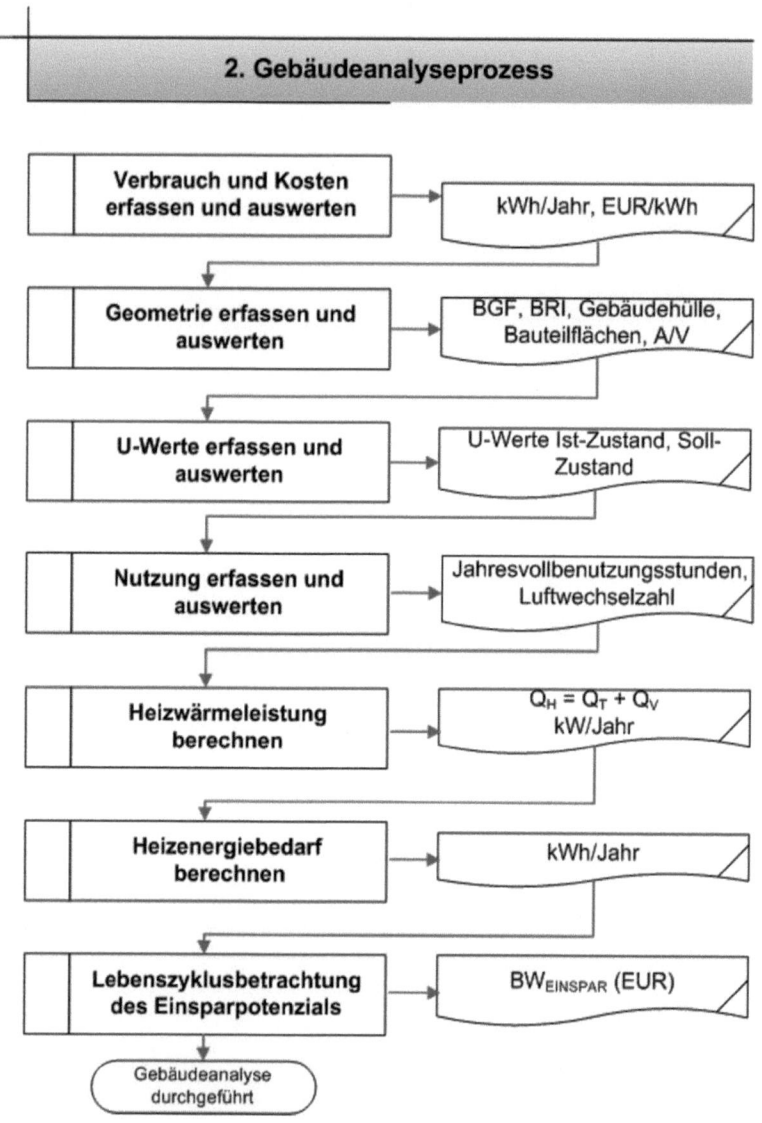

Abbildung 17: Prozessablauf Gebäudeanalyse mit Teilprozessen

4.3 Prozessablauf Gebäudeanalyse

4.3.1 Teilprozess Verbrauch und Kosten erfassen und auswerten

Als Basis für die Energieeffizienzbewertung muss zunächst die Ausgangslage festgestellt und sorgfältig dokumentiert werden. Der nach einheitlichen Regeln dokumentierte Energieverbrauch im Basisjahr wird als „Baseline"[144] bezeichnet. Anhand der Baseline werden die prognostizierten Bedarfsermittlungen überprüft und die erzielten Einsparungen nachgewiesen. Die Baseline des Energieverbrauchs dient als Bezugsgröße für die Ermittlung der Energiekosten im Basisjahr. Es werden hohe Anforderungen an die Genauigkeit gestellt, da der ermittelte Energiekostenkennwert (EUR/kWh × a) als Grundlage für die Ermittlung der jährlichen Einsparpotenziale verwendet wird, die auf dieser Basis über die Gesamtbetrachtungszeit von beispielsweise 15 Jahren kalkuliert werden. Der Energieverbrauch wird aus der Jahresabrechnung der Energieversorgungsunternehmen (EVU) übernommen und wie folgt aufbereitet:

Zu unterscheiden ist zwischen der pauschalen Abrechnung für die Bereitstellung bestimmter Leistungswerte (z.B. Leistungswert für Stromversorgung kW) und dem durch Zähler erfassten Energieverbrauch durch die Verbrauchserfassung der elektrischen Energie (kWh). Im Rahmen des FEE-Modells wird die Leistungspauschale zur Information dokumentiert, geht aber in die nachfolgenden Berechnungen nicht ein. Die mit Zählern erfasste Verbrauchsmenge wird tagesanteilig dem Basisjahr zugerechnet. In der Praxis beginnen die Abrechnungsintervalle der Energieversorgungsunternehmen in der Regel nicht am 1. Januar und enden zum 31. Dezember, sondern liegen je nach EVU beispielsweise in der Mitte des Jahres (z.B. 1. Juli bis 30. Juni). Aufgrund der unterschiedlichen Handhabung der Abrechnungsperioden ist eine zeitliche Bereinigung auf das Basisjahr erforderlich. Hierzu wird die folgende Formel[145] verwendet:

Formel 8: Verbrauchsberechnung im Basisjahr

$$V_{BJ} = V_{(BJ-1)/BJ} * \frac{d'_{BJ}}{d_{(BJ-1)/BJ}} + V_{BJ/(BJ+1)} * \frac{d''_{BJ}}{d_{BJ/(BJ+1)}} \quad (kWh, m^3, l/a)$$

V_{BJ} Verbrauch (V) im Basisjahr (BJ), Vorjahr des Basisjahres (BJ-1), Folgejahr (BJ+1)

---

[144] Vgl. Dena 2008, S. 143: Berechnungsvorschrift Baseline der Energiekosten und Einsparbetrag.
[145] Unter Verwendung von Dena 2008, S. 144.

$d_{(BJ-1)/BJ}$ Gesamtanzahl der Tage (d) vom Vorjahr (BJ-1) bis ins Basisjahr (BJ)

$d_{(BJ/BJ+1)}$ Gesamtanzahl der Tage (d) vom Basisjahr (BJ) bis ins Folgejahr (BJ+1)

d'_{BJ} Anzahl der Tage (d) im Rechnungszeitraum vom Vorjahr (') die im Basisjahr (BJ) liegen

d''_{BJ} Anzahl der Tage (d) im Rechnungszeitraum bis Folgejahr (''), die im Basisjahr (BJ) liegen

Mit der zuvor erläuterten zeitlichen Bereinigung werden unterschiedliche Abrechnungsperioden vergleichbar auf ein Basisjahr bezogen. Dieses Verfahren ist zur Bestimmung der Baseline für den witterungsunabhängigen Verbrauch ausreichend, also beispielsweise Elektroenergie für die Beleuchtung, Warmwasserbereitung und Wasserverbrauch. Bei der witterungsabhängigen Energieverwendung für die Gebäudeheizung muss eine Vergleichbarkeit der Außentemperaturverhältnisse unterschiedlicher Abrechnungsjahre hergestellt werden. Für die Witterungsbereinigung werden die Gradtagzahlen des Abrechnungsjahres sowie mittlere Gradtagzahlen des Standortes verwendet. Die Gradtagzahl (GTZ 20/15) ist die Summe der berechneten Temperaturdifferenz an allen Heiztagen, an denen die Innentemperatur 20°C beträgt und die gemessene Außentemperatur unter der definierten Heizgrenztemperatur von 15°C liegt.[146] Die Gradtagzahlen werden standortspezifisch ermittelt und vom Deutschen Wetterdienst zur Verfügung gestellt.[147] Sollen Energiekennwerte für überregionale Vergleiche aufbereitet werden, wird in Deutschland auf die mittlere Gradtagzahl des Standortes Würzburg Bezug genommen. Dies ist beispielsweise in der Energieeinsparverordnung (EnEV 2007) der Fall, weil diese auf Bundesebene anzuwenden ist. Für die Bewertung und Verbesserung von Gebäuden an einem lokalen Standort wird der standortspezifische Mittelwert eines mehrjährigen Betrachtungszeitraums verwendet.

---

[146] Die Festlegung der Heizgrenztemperatur ist unter anderem abhängig von der Dämmqualität der Gebäudehülle. Bei verbesserten Dämmstandards sind Heizgrenztemperaturen von 10°C oder 12°C möglich. Die Heizperiode verkürzt sich entsprechend. Vgl. Dena 2004, S. 16.
[147] Vgl. www.dwd.de/gradtagzahlen.

4.3 Prozessablauf Gebäudeanalyse

Die Witterungsbereinigung der Baseline erfolgt nach der folgenden Formel[148]:

Formel 9: Witterungsbereinigter Verbrauch im Basisjahr

$$V_{BJ}^{\circledast} = \left(V_{(BJ-1)/BJ} * \frac{GTZ'_{BJ}}{GTZ_{(BJ-1)/BJ}} + V_{BJ/(BJ+1)} * \frac{GTZ''_{BJ}}{GTZ_{BJ/(BJ+1)}} \right) * \frac{GTZ_{mittel}}{GTZ_{BJ}}$$

(kWh, m³, l/a)

$V_{BJ}^{\circledast}$ Witterungsbereinigter Verbrauch (V) im Basisjahr (BJ)

$V_{(BJ-1/BJ)}$ Verbrauch im Rechnungszeitraum vom Vorjahr bis ins Basisjahr

$V_{(BJ/BJ+1)}$ Verbrauch im Rechnungszeitraum vom Basisjahr bis ins Folgejahr

$GTZ_{(BJ-1)/BJ)}$ Gradtagzahl im Rechnungszeitraum vom Vorjahr bis ins Basisjahr

GTZ'_{BJ} Gradtagzahl (GTZ) im Rechnungszeitraum vom Vorjahr (´) oder Folgejahr (``), die im Basisjahr (BJ) liegt. Die GTZ wird in Kelvin days (Kd) angegeben.

GTZ_{mittel} Mittlere Gradtagzahl des Standortes über einen mehrjährigen Betrachtungszeitraum

Zusammenfassend werden die folgenden Unterlagen benötigt:

- Gradtagzahlen des Gebäudestandortes für den Untersuchungszeitraum (Vorjahr, Basisjahr, Folgejahr) und Jahresabrechnungen der Energieversorgungsunternehmen aus drei Jahren (Vorjahr, Basisjahr, Folgejahr),
- Objektinformationen darüber, welche der abgerechneten Energiemengen witterungsabhängig und welche witterungsunabhängig sind,
- Übersicht der im Objekt verwendeten Energiearten mit Zählernummer und Verbrauchserfassung durch Ablesung Wärmemengenzähler und Erfassung Ölstand bei Heizölverwendung ergänzend zur Heizöllieferrechnung.

Der Arbeitsaufwand für die Festlegung der Baseline hängt von der Objektgröße und der Qualität der verfügbaren Datengrundlage ab. Es ist davon auszugehen, dass der

---

[148] Unter Verwendung von Dena 2008, S. 144.

Erfassungsaufwand von Jahr zu Jahr geringer wird, wenn allen Beteiligten bewusst ist, welche Unterlagen wofür benötigt werden und entsprechend zu dokumentieren sind. Die Verwendung von Computer Aided Facility Management (CAFM) ist für die Unterstützung des Erfassungs- und Auswertungsprozesses sinnvoll einsetzbar. Als Ergebnis des ersten Arbeitsschrittes liegen die folgenden Informationen vor:

- Festlegung des Basisjahres, Heizenergieverbrauch des Vor- und Folgejahres,
- witterungsbereinigter Heizenergieverbrauch im Basisjahr (m^3, kWh, l),
- Referenzpreis für den Heizenergieverbrauch pro Abrechnungseinheit (EUR/m^3, kWh, l),
- Gradtagzahlen des Objektstandortes für den Betrachtungszeitraum von drei Jahren.

4.3.2 Teilprozess Geometrie erfassen und auswerten

Die Eingabe der Gebäudegeometrie wird vereinfacht auf fünf wesentliche Gebäudegrößen reduziert: Gebäudelänge, Gebäudebreite, Anzahl der Geschosse, Geschosshöhe und Fensterflächenanteil. Gegenüber den Verfahren, die für den Energiebedarfsausweis nach Energieeinsparverordnung erforderlich sind, wird somit eine erhebliche Reduktion des notwendigen Zeitaufwands erreicht, was insbesondere wegen der meist nicht (mehr) gegebenen Verfügbarkeit von vollständigen und aktuellen Planunterlagen der Bestandsgebäude vorteilhaft ist. In Anlehnung an die Vorgehensweise zur Auslegung von Heizungsanlagen im Rahmen der Entwurfsplanung, wenn die vollständige Gebäudeplanung (noch) nicht vorliegt, wird die Gebäudegeometrie überschlägig über die wesentlichen Längen und Breiten erfasst. Der Gebäudegrundriss wird, falls ein zergliederter Grundriss vorliegt, in Rechtecke unterteilt. Für jedes Rechteck wird die jeweilige Länge und Breite erfasst. Die Längen werden addiert. Die Breite wird flächentreu über die Rechtecke gemittelt. Hierzu werden die folgenden Formeln für die Gebäudedimensionierung nach DIN V 18599-5[149] verwendet.

Formel 10: Berechnung der Gebäudelänge

$$L_G = \sum_i L_i \quad (m)$$

L_G Gesamtmaß der Gebäudelänge

---

[149] DIN V 18599-5:2007-02: Endenergiebedarf von Heizsystemen, Anhang B: Gebäudedimensionierung, S. 122.

4.3 Prozessablauf Gebäudeanalyse

Formel 11: Berechnung der Gebäudebreite

$$B_G = \frac{\sum_i L_i * B_i}{L_G} \quad (m)$$

B_G Gesamtmaß der Gebäudebreite

Die anderen erforderlichen Gebäudegrößen: Anzahl der Geschosse (zG), Geschosshöhe (hG) und Fensterflächenanteil (Fensterfläche [AFe]/Fassadenfläche [AFa]) werden auf Basis von Planunterlagen, Bestandsfotos oder im Rahmen von Ortsbegehungen ermittelt. Eine typische Geschosshöhe liegt beispielsweise bei 3,00 m (Geschosshöhe = Oberkante Fußboden bis Oberkante Fußboden des darüberliegenden Geschosses). Der Fensterflächenanteil für Lochfassaden beträgt max. 30%.[150] Die Fensterfläche wird benötigt, um die Wärmedämmqualität der Gebäudehülle zu ermitteln. Für Fenster- und Wandflächen sind entsprechende bauteilspezifische U-Werte zu verwenden. Für eine einfache Ermittlung der Wärmedämmqualität anhand abgeschätzter Fensterflächenanteile (30, 50 oder 75 %) kann die Fläche überschlägig ermittelt werden. Eine genauere Erfassung der Fensterflächen erfolgt auf Basis von Bauplänen. Es besteht jedoch das Risiko, dass die verfügbaren Baupläne bei älteren Gebäuden nicht mehr aktuell sind. Genauere Werte lassen sich unter anderem durch Aufmaße oder photogrammetrische Auswertungen[151] ermitteln. Eine weitere Verfeinerung erfolgt durch die Berücksichtigung der Orientierung und die Ermittlung der solaren Gewinne. Das FEE-Modell läst eine stufenweise Verfeinerung der Eingaben zu. Mindestens sind die folgenden Werte erforderlich, die auf Basis der zuvor ermittelten Gebäudegrößen (Formeln 10 und 11) berechnet werden:

- Bruttogrundfläche (BGF),
- Nutzfläche (NF),
- Bruttorauminhalt (BRI) bzw. (V),
- Beheiztes Nettovolumen (Vb),
- Gebäudehüllfläche (A).

---

[150] Vgl. Grundfläche, Volumen und Fassadenfläche des Standardgebäudes nach Hirschberg 2008, S. 146.
[151] Vgl. beispielsweise Foto Aufmaß-Software von BKI oder Hottgenroth 6.0. Diese Software ist geeignet, um Gebäudemaße anhand von Digitalfotos vereinfacht zu ermitteln.

Formel 12: Berechnung der Bruttogrundfläche

$$BGF = L_G * B_G * z_G \text{ (m}^2\text{)}$$

Formel 13: Berechnung der Nutzfläche

$$NF = BGF * 0{,}80 \text{ (m}^2\text{)}$$

Formel 14: Berechnung des Bruttorauminhalts

$$BRI \text{ oder } V = BGF * h_G \text{ (m}^3\text{)}$$

Formel 15: Berechnung des Nettovolumens

$$V_b = BRI * 0{,}80 \text{ (m}^3\text{)}$$

Formel 16: Berechnung der Gebäudehüllfläche

$$A = A_{DE} + A_{FB} + A_{AW} + A_{FE} \text{ (m}^2\text{)}$$

A_{DE} Fläche der obersten beheizten Geschossdecke. Bei ausgebauten und beheizten Dachböden ist die Dachfläche als Begrenzung der beheizten Gebäudehülle zu ermitteln.

A_{FB} Fläche des untersten beheizten Fußbodens

A_{AW} Fläche der Außenwand

A_{FE} Fläche der Fenster

Anmerkung: Die Ermittlung der solaren Wärmegewinne ist nicht Bestandteil der vereinfachten Energiebedarfsermittlung. Sollen dennoch später die solaren Wärmegewinne, beispielsweise zur vertiefenden Variantenuntersuchung, ermittelt werden, wird empfohlen, die Fensterflächen (AFe) nach jeweiliger Orientierung zur Himmelsrichtung (Süd, West, Nord, Ost) zu erfassen. Bei Fensterflächenanteilen von mehr als 30% ist außerdem der sommerliche Wärmeschutz nachzuweisen, um eine zu starke Aufheizung der Innenräume durch solare Einstrahlung zu vermeiden.

Der Vergleichskennwert für die Gebäudeform (Kompaktheitsgrad) wird als Verhältnis zwischen Gebäudehüllfläche (A) und Volumen (V) ermittelt und daher auch als A/V-Wert bezeichnet. Je kompakter ein Gebäude ist, desto kleiner ist der A/V-Wert und desto geringer ist der Energieverlust. Energetisch vorteilhaft sind Gebäude mit einem möglichst großen Volumen (V) und einer kleinen Oberfläche (A). Die ideale Gebäudeform wäre energetisch betrachtet somit eine Kugel. Der Kompaktheitsgrad wird außerdem zur Überprüfung der Abweichung einer angenommenen Gebäudeform vom Standardgebäude nach DIN V 4701-10 verwendet. Das Standardgebäude dient der groben Dimensionierung von Anlagenteilen, deren Ausprägung im Planungsstadium noch nicht bekannt ist. Wenn der Kompaktheitsgrad des tatsächlichen Gebäudes vom Kompaktheitsgrad des Standardgebäudes abweicht, werden die Ergebnisse der Anlagendimensionierung ungenauer.[152]

Es wird somit jeweils erforderlich, die hier getroffenen vereinfachenden Annahmen zur Erfassung und Auswertung der Gebäudegeometrie im Rahmen von exemplarischen Erhebungen zu überprüfen und im erforderlichen Umfang anzupassen. Vorläufig wird die beschriebene Geometrieerfassung und Auswertung als ausreichend angenommen.

4.3.3 Teilprozess U-Wert erfassen und auswerten

Die Wärmedämmung der Gebäudehülle verzögert die Auskühlung des Gebäudes durch Wärmeabgabe an die Umgebung und erhöht somit die Energieeffizienz. Zur Ermittlung der Wärmedämmqualität werden in diesem Arbeitsschritt die Wärmedurchgangskoeffizienten (U-Werte) der wesentlichen Bauteile bestimmt. Der Wärmedurchgangskoeffizient (U-Wert) ist material- und konstruktionsspezifisch und wird auf Basis der Wärmeleitfähigkeit der verwendeten Baumaterialien und deren Schichtdicke berechnet. Bei Neubauten erfolgt der rechnerische Nachweis anhand der Ausführungs- und Detailplanung sowie der Baubeschreibung. Bei der Beurteilung von Bestandsgebäuden werden anhand von Erfahrungswerten über baujahrsspezifische Materialien und Konstruktionsarten pauschale Annahmen getroffen, da eine zerstörungsfreie Bestimmung in der Regel nicht möglich ist. Die vereinfachte Bestimmung des IST-Zustands und die grobe Einschätzung des modernisierten SOLL-Zustands werden anhand von Bauteiltabellen vorgenommen. Hierzu soll vorläufig der Bauteilkatalog mit Pauschalwerten für Wohngebäude der Deutschen Energieagentur (Dena)[153] verwendet werden, da bisher keine Bauteilkataloge für öffentliche Gebäude verfügbar sind. Zur Beschreibung des IST-Zustands werden die baujahrsspezifischen

---

[152] Vgl. Hirschberg 2008, S. 145, 147.
[153] Vgl. Dena 2004, S. 17 – 22.

Konstruktionen und U-Werte in der Einheit $W/m^2\,K$ der Bauteile als „Urzustand" erfasst: Decke (UDE), Fußboden (UFB), Außenwand (UAW) und Fenster (UFE). Der modernisierte SOLL-Zustand wird entsprechend der zuvor getroffenen Zielsetzung als „Modernisierung auf Niedrigenergiehaus-Standard" erfasst.

4.3.4 Teilprozess Nutzung erfassen und auswerten

Die Erfassung und Auswertung von Nutzungsrandbedingungen ist erforderlich, um zwei wesentliche Faktoren für die im nachfolgenden Arbeitsschritt erforderlichen Berechnungen zu bestimmen:

- die Jahresvollbenutzungsstunden (Vbh) und
- die Luftwechselzahl (n).

Die „Jahresvollbenutzungsstunden (Vbh)" sind Tabellenwerte, mit denen die jährlichen Nutzungs- und Betriebszeiten einer Gebäudenutzungsart und die übliche Heizperiode berücksichtigt werden. Die Jahresvollbenutzungsstunden werden benötigt, um den Heizenergiebedarf zu ermitteln und werden in der Einheit „Stunde" (h) angegeben. Es handelt sich dabei um Stundenangaben über die Dauer des jährlichen Vollbetriebes der Heizungsanlage bei maximalen Unterschieden zwischen Außen– und Innentemperatur während der Heizperiode. Für kommunale Gebäudenutzungsarten sind nur wenige Tabellenwerte verfügbar. Die Verwendung von Jahresvollbenutzungsstunden ist in der aktuellen Normung nicht mehr vorgeschrieben.[154] Die vorliegenden Tabellenwerte beziehen sich auf den Standort Düsseldorf.[155] Zur Anpassung der Tabellenwerte an die klimatischen Bedingungen eines beliebigen Standortes liegen keine flächendeckenden Umrechnungsfaktoren vor. Standortspezifische Abweichungen sind somit einzukalkulieren. Aufgrund der fehlenden bzw. relativ ungenauen Datengrundlage ist es daher vorläufig erforderlich, nachvollziehbare Annahmen zu treffen. Zur Plausibilitätsprüfung der vereinfachend getroffenen Annahmen werden Sensitivitätsanalysen durchgeführt. Im Rahmen der systematischen Erfassung und Auswertung ist es erforderlich, objekt- und standortspezifische Erfahrungswerte für kommunale Bestandsgebäude zukünftig zu ergänzen und zu vertiefen. In der aktuellen Entwurfsfassung der DIN V 18599-10 ist vorgesehen, dass Nutzungsrandbedingungen für bisher nicht ausgewertete Gebäudearten unter Verwendung eines Tabellenblattes systematisch erfasst werden.

---

[154] Vgl. Krimmling 2007, S. 67.
[155] Vgl. Krimmling 2007, S. 68.

Die Luftwechselzahl gibt den erforderlichen Luftwechsel pro Stunde an. Zur Berechnung der Luftwechselzahl werden die Anzahl der Personen, die sich im Gebäude aufhalten, sowie das vorhandene Raumvolumen benötigt. Die Luftwechselzahl wird unter Annahme eines erforderlichen Luftvolumens von 30 m^3 pro Person und Stunde[156] vereinfachend ermittelt. Zusammenfassend sind die folgenden Daten zu ermitteln: Nutzeranzahl, Nutzungszeiten pro Tag und Nutzungstage pro Jahr.

Wenn keine nutzungsspezifischen Kennwerte vorliegen, müssen ersatzweise vereinfachte Annahmen getroffen und nachvollziehbar dokumentiert werden. Dies ist immer dann der Fall, wenn die objektspezifische Nutzungsart und der Nutzungszeitraum erheblich von den Tabellenwerten abweichen.

4.3.5 Teilprozess Heizwärmeleistung berechnen

Die überschlägige Ermittlung der Heizwärmeleistung erfolgt unter Verwendung des von Pistohl beschriebenen vereinfachten Verfahrens zur „Ermittlung der Heizlast":
„Die Heizlast ist eine Gebäudeeigenschaft, die angibt, welche Wärmemenge pro Zeiteinheit (in W bzw. kW) zugeführt werden muss, um bei vorgegebenen winterlichen Norm-Witterungsbedingungen die Wärmeverluste zu decken und im Inneren des Hauses die geforderten Norm-Innentemperaturen zu gewährleisten."[157] Der Begriff „Heizlast" wird in der Regel im Rahmen der Planung von Heizanlagen verwendet. „Die neue europäische Norm DIN EN 12 831: Heizungsanlagen in Gebäuden – Verfahren zur Berechnung der Norm-Heizlast (2003-03) ist im April 2004 in Kraft getreten und ersetzt die frühere nationale Norm DIN 4701: Berechnung des Wärmebedarfs von Gebäuden."[158] Das hier verwendete vereinfachte Verfahren zur Ermittlung der Heizlast wird von anderen Autoren auch als „Hüllflächenverfahren"[159] bezeichnet. Das Hüllflächenverfahren ist für die Abschätzung des jährlichen Heizenergiebedarfs geeignet.

Die Begriffe „Nutzwärmebedarf" oder „Heizwärmebedarf" werden üblicherweise im Rahmen der Energieeffizienzbewertung von Gebäuden verwendet und sind nach DIN V 18599-1 wie folgt definiert: „Nutzwärmebedarf (Heizwärmebedarf) ist der rechnerisch ermittelte Wärmebedarf, der zur Aufrechterhaltung der festgelegten thermischen Raumkonditionen innerhalb einer Gebäudezone während der Heizzeit benötigt wird."[160] Eine einheitliche Begriffsverwendung ist in der aktuellen Fachliteratur nicht

---

[156] DIN V 18599-10:2007-02, Tabelle A8.
[157] Pistohl 2005, S. H 22.
[158] Pistohl 2005, S. H 22.
[159] Krimmling 2007, S. 34.
[160] DIN V 18599-1:2007-02, S. 11.

feststellbar. Die im Rahmen der Berechnungsverfahren verwendeten Kenngrößen werden in den verfügbaren Quellen unterschiedlich bezeichnet. Dies ist teilweise auf die Internationalisierung der Normen zurückzuführen. Die Heizlast wird in einigen Quellen mit dem Griechischen Buchstaben Φ bezeichnet. Alternativ wird für den Heizwärmebedarf das Formelzeichen QH verwendet (vgl. Kapitel 3.2.3). Eine eindeutige Definition der Begriffe im Rahmen der Energieeffizienzbewertung wird in der Fachwelt unter anderem von Hirschberg gefordert: *„Wegen dieser Eindeutigkeit ist es auch unumgänglich, Begriffe umzudefinieren, die in Normen teilweise falsch oder sinnentstellt angewendet werden."*[161]

Soweit möglich werden im Rahmen des FEE-Modells die aktuellen Bezeichnungen der gültigen Normung verwendet. Anstelle der „Heizlast" ist nach DIN V 18599 somit der „Heizwärmebedarf" überschlägig zu ermitteln. Der „jährliche Heizwärmebedarf" wird jedoch nach DIN V 4108-6 beim Heizperiodenverfahren bestimmt aus den jährlichen Wärmeverlusten abzüglich der nutzbaren Wärmegewinne und in der Einheit (kWh/a) angegeben.[162] Um hier eine deutliche Abgrenzung vorzunehmen wird für das FEE-Modell die Bezeichnung „Heizwärmeleistung" mit der Einheit (kW) verwendet. Übergeordnete Zielsetzung der hier gewählten Vorgehensweise ist die Ermittlung des Heizenergiebedarfs auf Basis von Ist-Zustand und definiertem Soll-Zustand. Anhand des Soll-Ist-Vergleichs soll die Höhe des objektspezifischen jährlichen Einsparpotenzials ermittelt werden. Es handelt sich hierbei somit nicht um ein Berechnungsverfahren, das auf den vorgegebenen Standardisierungen der Energieeinsparverordnung (EnEV) beruht (vgl. Verfahren zur Heizwärmebedarfsermittlung in Kapitel 3.2). Die in der EnEV notwendige Standardisierung zur überregionalen Vergleichbarkeit von unterschiedlichen Objekten ist im Rahmen des Soll-Ist-Vergleichs von Ausprägungsvarianten eines Objektes zu vernachlässigen. In der EnEV wird die Vergleichbarkeit unterschiedlicher Gebäudegeometrien beispielsweise mit der pauschalierten Annahme einer fiktiven Gebäudenutzfläche AN im Rahmen der Berechnungsverfahren für Energieausweise nach der Energieeinsparverordnung unterstützt.[163]

Für das FEE-Modell wurde ein Verfahren gewählt, das mit geringstmöglichem Erfassungs-, Auswertungs-, und Berechnungsaufwand eine Einschätzung der vorhandenen Energieeffizienz und möglicher Potenziale zur Steigerung der Energieeffizienz für Bestandsgebäude ermöglicht. Die überschlägige Ermittlung der Heizwärmeleis-

---

[161] Vgl. Hirschberg 2008, S. 12.
[162] Vgl. Dena 2004, S. 7.
[163] Die Gebäudenutzfläche A_N wird fiktiv ermittelt und hat zur tatsächlichen Wohnungsnutzfläche keinen Bezug (A_N= 0,32x BRI), vgl. Hirschberg 2008, S. 57.

4.3 Prozessablauf Gebäudeanalyse

tung QH erfolgt auf Basis von Vereinfachungen. Es werden zwei Kenngrößen bestimmt, die die Energieeffizienz von Gebäuden maßgeblich bestimmen:

- Transmissionswärmeverlust der Gebäudehülle QT und
- Lüftungswärmeverlust QV.

Vereinfacht ausgedrückt muss die Wärmemenge, die durch die Bauteile der Gebäudehülle und die regelmäßige Lüftung der Räume verloren geht, dem Gebäude mit Hilfe der Heizungsanlage wieder zugeführt werden, um eine angenehme Rauminnentemperatur von 20°C auch dann zu erhalten, wenn die Außentemperatur bis zu max. -16°C beträgt. Mit dem Faktor 1/1000 erfolgt eine Umrechnung der Einheit von (W) auf die Einheit (kW). Die Formel für die überschlägige Ermittlung der Heizwärmeleistung lautet somit:

Formel 17: Ermittlung der Heizwärmeleistung[164]

$$Q_H = (Q_T + Q_V) * \frac{1}{1.000} \quad (kW)$$

Q_H Heizwärmeleistung

Q_T Transmissionswärmeleistung

Q_V Lüftungswärmeleistung

Zur Ermittlung der Transmissionswärmeleistung QT werden die zuvor erfassten Bauteilflächen der Bauteile Ai mit der Einheit (m^2) der Gebäudehülle benötigt (vgl. 4.3.2 Geometrieerfassung und Auswertung). Diese werden mit den jeweiligen U-Werten der Bauteile Ui mit der Einheit (W/m^2 K) der vorhandenen bzw. geplanten Baukonstruktionen multipliziert (vgl. 4.3.3 U-Wert Erfassung und Auswertung). Es wird somit ein objektspezifischer Wärmedurchgang in der Einheit (W/K) ermittelt. Mit diesem Wert wird die angenommene winterliche Temperaturdifferenz zwischen 20°C Innenraumtemperatur und -16°C Außentemperatur in Höhe von 36 K multipliziert.

---

[164] Vgl. Pistohl 2005, S. H 268 „überschlägige Ermittlung der Heizlast"; Krimmling 2007, S. 68 „Hüllflächenverfahren".

Die Formel zur Ermittlung der Transmissionswärmeleistung lautet:

Formel 18: Ermittlung der Transmissionswärmeleistung[165]

$$Q_T = \sum (A_i * U_i) * \Delta T \quad (W)$$

Q_T Transmissionswärmeleistung

A_i Bauteilflächen wesentlicher Bauteile der Gebäudehülle (z.B. ADe = Deckenfläche, AFb = Fußbodenfläche, AAW = Außenwandfläche, AFe = Fensterfläche)

U_i U-Werte der wesentlichen Bauteile der Gebäudehülle (z.B. UDe = Deckenfläche etc.)

ΔT Temperaturdifferenz von Innen- und Außentemperatur im Winter (vereinfachte Annahme 36 K)

Die Genauigkeit dieser Berechnung lässt sich erhöhen, wenn zusätzlich zur Bauteilfläche und Wärmedämmqualität noch die Positionen der Bauteile, also beispielsweise senkrecht oder waagerecht, zum Außenraum oder zum Erdreich mit entsprechenden Korrekturfaktoren für den Wärmedurchgang berücksichtigt werden. Temperaturkorrekturfaktoren reduzieren den Transmissionswärmebedarf (z.B. Wärmeverlust an das Erdreich: fK = 0,4) oder verändern ihn nicht (Wärmeverlust direkt nach außen — AAW, AFe: fK = 1,0).[166] Bekannte Undichtigkeiten der Gebäudehülle, die zu einem erhöhten unkontrollierten Wärmeverlust führen, wie Wärmebrücken und Fugenundichtigkeiten, werden mit einem Zuschlag von 0,10 W/m² K auf die U-Werte berücksichtigt.[167] Außerdem ist eine Berücksichtigung der tatsächlichen Temperaturdifferenzen der mittleren objektspezifischen Innen- und Außentemperaturen an festgelegten Referenztagen möglich (vgl. Vorgehensweise beim Monatsbilanzverfahren im Kapitel 3.2.2).

---

[165] Eigene Darstellung unter Verwendung von Pistohl 2005, S. H 268 „Überschlägiger Transmissionswärmebedarf".
[166] Vgl. Pistohl 2005, S. H 35: Temperaturfaktoren f_K für Wärmeverluste an verschiedene Umgebungsbereiche nach außen.
[167] Vgl. Pistohl 2005, S. H 38: Der Wärmebrückenzuschlag U_{WB} beträgt 0,10 W/ (m² K).

4.3 Prozessablauf Gebäudeanalyse

Zur Berechnung der Lüftungswärmeleistung (QV) müssen im Wesentlichen zwei Rahmenbindungen erfasst und bewertet werden:

- das Luftvolumen, das im Rahmen der kontrollierten Lüftungsprozesse zwischen Gebäudeinnerem und der äußeren Umgebung ausgetauscht wird,
- die spezifische Wärme, die erforderlich ist, um die bei den Lüftungsprozessen zugeführte Frischluft auf die geforderte Innenraumtemperatur zu erwärmen.

Die Ermittlung erfolgt unter Verwendung der folgenden vereinfachenden Annahmen: Das Luftvolumen entspricht dem Netto-Rauminhalt (Vb) mit der Einheit m³ des Gebäudes, der mit der Luftwechselzahl (n) mit der Einheit 1/h multipliziert wird. Im Ergebnis wird ein objektspezifisches Luftvolumen in der Einheit m³/h ermittelt. Die spezifische Wärme wird auf Basis der physikalischen Eigenschaften von Luft ermittelt: Luft hat ein spezifisches Gewicht von 1,2 kg/m³ (ρ). Die spezifische Stoffwärme der Luft beträgt 1.000 J/kg K (c). Die Multiplikation dieser Werte ergibt eine spezifische Wärme von 1.200 J/m³ K, die für die Erwärmung der Luft benötigt wird. Es ist somit noch erforderlich, die Einheit J in Wh umzurechen (Faktor 1/3.600). Im Ergebnis wird ein Kennwert von 0,34 Wh/m³ K ermittelt.[168]

Die Multiplikation des berechneten Luftvolumens (Vb) mit der spezifischen Wärme und der angenommenen Temperaturdifferenz (ΔT) von 36 K ergibt die gesuchte Wärmeenergie für die Lüftungswärmeleistung. Die Lüftungswärmeleistung wird entsprechend nach der folgenden Formel berechnet:

Formel 19: Ermittlung der Lüftungswärmeleistung

$$Q_V = n * V_b * \rho * c * \Delta T \quad (W)$$

Q_V *Lüftungswärmeleistung*

n   *Luftwechselzahl (vgl. Kapitel 4.3.4)*

ρ   *spezifisches Gewicht der Luft 1,2 kg/m³*

c   *spezifische Stoffwärme der Luft 1.000 J/kg K, bzw. 0,27 Wh/kg K*

V_b *Netto-Luftvolumen des Gebäudes (vgl. Kapitel 4.3.2)*

ΔT *Temperaturdifferenz zwischen Außen- und Innentemperatur (vereinfachende Annahme 36 K)*

---

[168] Vgl. Pistohl 2005, S. H 38.

Im folgenden Kapitel sind Beispiele für die überschlägige Ermittlung des Heizwärmebedarfs von Ist-Zustand „Urzustand" und Soll-Zustand „Modernisierung Niedrigenergiehaus" für ein Bestandsgebäude dargestellt. Die Berechnungen wurden mit einem Tabellenkalkulationsprogramm[169] durchgeführt.

Bei der Bewertung der vorliegenden Ergebnisse ist zu berücksichtigen, dass die bei der überschlägigen Ermittlung der Heizwärmeleistung definierten Ist- und Soll-Zustände aufgrund folgender vereinfachender Annahmen in der Regel nicht vollständig mit den tatsächlichen Gegebenheiten vor Ort übereinstimmen können:

- Das Gebäude wird in der Gesamtheit betrachtet. Unterschiedliche Innenraumtemperaturen und Luftwechselzahlen der einzelnen Räume oder Gebäudezonen finden keine Berücksichtigung. Die Genauigkeit kann durch die detaillierte Berechnung von nutzungsspezifischen Zonen erhöht werden (Gebäudezonen). Es ist zu berücksichtigen, dass der Erfassungs- und Auswertungsaufwand mit der Anzahl der zu untersuchenden Zonen stark zunimmt. Außerdem werden entsprechend detaillierte Bestandsinformationen benötigt.
- Die Berechnung der Wärmeverluste erfolgt unter der Annahme von stationären Bedingungen bei einer maximalen Temperaturdifferenz von 36 Kelvin. Die Genauigkeit kann durch eine monatsweise Bilanzierung von Referenztagen verbessert werden. Als Basis werden unter anderem genaue Angaben über die Gebäudenutzungszeiten und Nutzungsdauer benötigt.
- Bei den verwendeten U-Werten handelt es sich um pauschale Erfahrungswerte aus dem Bereich des Wohnungsbaus, die baualtersspezifisch zugeordnet wurden. Die Genauigkeit kann durch die Bestimmung der tatsächlich verwendeten Materialien und Schichtdicken der Bauteile verbessert werden. Dabei ist einzukalkulieren, dass die Bestandserfassung nicht in allen Bereichen zerstörungsfrei verlaufen kann.
- Die Gebäudegeometrie wurde vereinfacht ermittelt. Abweichungen von den realen Abmessungen des Bestandsgebäudes sind einzukalkulieren. Die Genauigkeit kann durch das Aufmaß der realen Gebäudegeometrie verbessert werden.

4.3.6 Teilprozess Heizenergiebedarf berechnen

Zielsetzung der überschlägigen Ermittlung des Heizenergiebedarfs ist die Quantifizierung der Bewertungsgrundlage zur Prognose von Energiekosten für den Ist- und

4.3 Prozessablauf Gebäudeanalyse

Soll-Zustand des Bestandsgebäudes. Auf der Basis des Soll-Ist-Vergleichs wird das Einsparpotenzial ermittelt und monetär bewertet. Zunächst muss die Bewertungsgrundlage als jährliche Heizenergiemenge (z.B. m^3 Erdgas, Liter Heizöl) nachvollziehbar quantifiziert werden. Hierzu werden vereinfachend die folgenden wesentlichen Einflussgrößen berücksichtigt:

- die Heizwärmeleistung (vgl. Kapitel 4.3.5),
- die Jahresvollbenutzungsstunden (vgl. Kapital 4.3.4),
- die Anlagenaufwandszahl (e_{EH}) für die Raumheizung,
- der Heizwert (H_U) des Brennstoffs (kWh/Mengeneinheit).

Die **Anlagenaufwandszahl** (e_{EH}) für die Raumheizung umfasst den Energiebedarf für die Erzeugung, Speicherung, Verteilung und Übergabe der Wärme. Es sind somit Umfang und Qualität der erforderlichen Zentralen (z.B. Heizkesselart und Heizkesselleistung, Vor- und Rücklauftemperatur), Leitungen (z.B. Ein- oder Zweirohrsysteme, Wärmedämmung der Rohrleitungen) und Anlagenteile (z.B. Radiatoren, Thermostatventile) zu berücksichtigen. Die Erfassung und Auswertung des Anlagenaufwands ist erforderlich, um den Heizenergiebedarf des Gebäudes zu ermitteln. Für die überschlägige Bewertung des Anlagenaufwandes im Wohnungsbestand sind pauschale Kennwerte „*Endenergie-Aufwandszahlen (eEH) für die Raumheizung (ohne Hilfsenergie)*"[170] verfügbar. Diese sind entsprechend den wesentlichen Einflussgrößen in die folgenden Kategorien gegliedert:

- Baualter des Kessels (bis 1986, 1987 – 1994, ab 1995),
- Kesseltypen bzw. Wärmebereitstellungsarten (Standardkessel, Niedertemperaturkessel, Gas-Brennwertkessel, Holz-Kessel, Elektro-Wärmepumpe, Fernwärme),
- Heizwärmebedarfskennwerte (50, 100, 150, 200, 250 kWh/m^2 × a) und
- Gebäudenutzungsarten (Einfamilienhäuser, Mehrfamilienhäuser).

Vergleichbare Pauschalwerte für Nichtwohngebäude sind nicht verfügbar. Daher wird die Einschätzung des Anlagenaufwands vorläufig anhand der Wohnungsbaukennwerte durchgeführt. Aufgrund der sehr unterschiedlichen Nutzungsart kommunaler Gebäude und der in der Regel deutlich größeren Anlagen und Bezugsflächen ist die Verwendung dieser Kennwerte mit einem hohen Unsicherheitsfaktor behaftet.

---

[169] Microsoft Office Excel, Version 2007.
[170] Dena 2004, S. 26.

Der **Heizwert (HU)** des Brennstoffs gibt an, wie viel Wärme (kWh) pro Energieträgereinheit erzeugt werden kann (z.B. 10 kWh / Liter Heizöl). Überschlägige Heizwerte sind als Tabellenwerte in der Fachliteratur verfügbar.[171] Angaben zu den Heizwerten sind unter anderem auf den Jahresabrechnungen der Energieversorgungsunternehmen (EVU) vorhanden. Bei der Bewertung von Gasen ist zu berücksichtigen, dass der unter Laborbedingungen ermittelte Heizwert (Normzustand, Temperatur 25°C) höher ist, als der im Rahmen der Gaslieferung erreichbare Betriebsheizwert (Betriebszustand, Temperatur 15°C, 1025 mbar).[172] Auf der Erdgas-Jahresabrechnung eines EVU wird beispielsweise ein Heizwert (Hs,n) von 11,132 kWh/m³ und ein Umrechnungsfaktor (z-Zahl) in Höhe von 0,9140 angegeben. Aus diesen Angaben errechnet sich ein mittlerer Betriebsheizwert von 10,17 kWh/m³ Erdgas. Dieser fließt als überschlägiger Heizwert (HU) in die Berechnung ein.

Der **Heizenergiebedarf** wird ermittelt, indem Heizwärmeleistung, Jahresvollbenutzungsstunden und Anlagenaufwandszahl multipliziert werden. Im Ergebnis erhält man die Energiemenge, die dem Objekt jährlich zugeführt werden muss, um die erforderliche Innentemperatur zu gewährleisten.

Zusammenfassend wird der Heizenergiebedarf nach der folgenden Formel berechnet:

Formel 20: Ermittlung des Heizenergiebedarfs

$$Q_{HEIZENG} = Q_H * v_{bh} * e_{EH} \quad \text{(kWh/a)}$$

$Q_{HEIZENG}$ Heizenergiebedarf, d.h. jährliche Energiemenge für die Raumheizung

v_{bh} Jahresvollbenutzungsstunden

e_{EH} Endenergie-Anlagenaufwandszahl für die Raumheizung

Zur Ermittlung der Energiekosten wird der Heizenergiebedarf mit dem Heizenergiekostenkennwert (EUR [netto]/ kWh) des Basisjahres multipliziert. Die Bezugsgrößen für die Energiekostenkennwerte (EUR/a, EUR/m² BGF pro Jahr, EUR/m² BGF pro Monat) sind im Rahmen des FEE-Modells somit eindeutig definiert.

---

[171] Vgl. Pistohl 2005, S. H 43 „*Heiz- und Brennwerte verschiedener Brennstoffe*" und S. H 47 „*Überschlägige Heizwerte H$_Ü$*".

Der Heizenergiebedarf, dividiert durch den mittleren Heizwert des verwendeten Energieträgers, ergibt einen groben Richtwert für den jährlichen Heizenergieträgerbedarf (Brennstoffbedarf).

Formel 21: Ermittlung des Brennstoffbedarfs

$$Q_{BRENN} = Q_H * v_{bh} * e_{EH} / H_U \quad (m^3, l)$$

Q_{BRENN} Brennstoffbedarf, d.h. jährliche Energieträgermenge (z.B. Erdgas, Heizöl) für die Raumheizung

v_{bh} Jahresvollbenutzungsstunden

e_{EH} Endenergie-Anlagenaufwandszahl für die Raumheizung

H_U überschlägiger Heizwert des verwendeten Energieträgers (z.B. Erdgas 10,17 kWh/m³)

4.3.7 Teilprozess Lebenszyklusbetrachtung des Einsparpotenzials

Zielsetzung der Budgetermittlung für die Energieeffizienzsteigerung ist der Nachweis der wirtschaftlichen Vorteilhaftigkeit von energiesparenden Maßnahmen. Grundlage für die Budgetermittlung sind die jährlich erzielbaren Einsparungen. Diese werden über den gewählten Betrachtungszeitraum unter Berücksichtigung eines kalkulatorischen Zinssatzes kapitalisiert. Hierzu wird der Barwertfaktor verwendet.[173] Für die Budgetermittlung sind somit die folgenden wesentlichen Einflussgrößen zu berücksichtigen:

- die jährlichen Einsparungen (EINSPAR),
- der Betrachtungszeitraum in Jahren (n),
- der kalkulatorische Zinssatz und
- der Barwertfaktor (bw).

Die jährlichen Einsparungen werden als Differenz dem Heizenergiebedarf im Ist-Zustand (HEIZENG-IST) und im Soll-Zustand (HEIZENG-SOLL) gebildet und an-

---

[172] Pistohl 2005, S. K 5.
[173] Dynamische Methoden der Wirtschaftlichkeitsberechnung in Kapitel 3.5.

schließend mit dem Energiekostenkennwert (EUR/kWh) multipliziert.[174] Bei der Festlegung des Betrachtungszeitraumes werden übliche Abschreibungszeiträume für Technische Anlagen berücksichtigt (z.B. Wärmeerzeuger und Zubehör 10 bis 25 Jahre).[175] Außerdem bildet die übliche Vertragslaufzeit von Energiespar-Contracting-Verträgen mit 7 bis 12 Jahren einen Orientierungswert.[176] Bei den nachfolgenden Beispielrechnungen wurde ein mittlerer Betrachtungszeitraum von 15 Jahren festgelegt. Der zu wählende kalkulatorische Zinssatz wird in der Regel von der Finanzabteilung des Gebäudeeigentümers vorgegeben. Die Höhe des Zinssatzes hängt unter anderem vom verfügbaren Eigenkapital bzw. zu beschaffendem Fremdkapital und der Situation am Finanzmarkt ab. Außerdem spielt der Zeitraum für die Kapitalanlage eine Rolle. Die Kapitalverzinsung kann für beispielhafte Betrachtungen mit 6 % angenommen werden.[177]

Der Barwertfaktor ist eine finanzmathematische Rechengröße. Mit dem Barwertfaktor werden als regelmäßig wiederkehrend erwartete zukünftige Beträge abgezinst, um den Kapitalwert in der Gegenwart zu erhalten. Barwertfaktoren sind als Tabellenwerte für übliche Zinssätze (z.B. 5% bis 14,5%) und Betrachtungszeiträume (z.B. 1 bis 20 Jahre) verfügbar.[178]

Formel 22: Barwertermittlung des Einsparpotenzials

$$BW_{EINSPAR} = EINSPAR * bw$$

4.4 Prozessablauf Maßnahmenidentifizierung

Im FEE-Modell werden hauptsächlich drei Maßnahmenarten unterschieden: organisatorische Verbesserungsmaßnahmen, Modernisierungsmaßnahmen der technischen Anlagen und Modernisierungsmaßnahmen des Bauwerks (vgl. Abbildung 18). Die Maßnahmenidentifizierung erfolgt durch Gegenüberstellung von vorhandenem Ist-Zustand und optimal erreichbaren Soll-Zustand unter Verwendung von verfügbaren Checklisten.[179] Diese sollen im Zuge der Anwendung und Weiterentwicklung des FEE-Modells durch Erfahrungswerte von durchgeführten Modernisierungen ergänzt werden.

---

[174] Vgl. Kapitel 4.7.
[175] VDI 2067 Blatt 1, Tabelle 6: Rechnerische Nutzungsdauer der einzelnen technischen und baulichen Anlagenteile für Raumheizung und Warmwasserversorgung (Schelle 1992, Anhang 3).
[176] Dena 2008, S. 15.
[177] Diederichs 2005, S. 228.
[178] Härtl 2005, Tabellenanhang, S. 165 – 173; alternativ kann der Barwert mit der in Kapitel 3 erläuterten Formel berechnet werden.
[179] Vgl. Kapitel 3.4 Ganzheitliches Energiemanagement.

Zielsetzung der **organisatorischen Verbesserungsmaßnahmen** ist die Optimierung der Gebäudenutzung und Betriebsweise. Die Gebäudenutzung wird in den Kategorien Nutzungsintensität, Nutzungsdauer und Nutzerverhalten bewertet. Untersuchungsschwerpunkte der Betriebsoptimierung sind beispielsweise Möglichkeiten der Nacht- und Wochenendabsenkung der Vor- und Rücklauftemperaturen, Anzahl und Steuerung von Heizkreisen sowie Überwachung und Steuerung der Raumtemperaturen. Die Bewertung wird anhand von Checklisten und Kennwerten durchgeführt.[180] Es ist vorgesehen, diese im Rahmen der Weiterentwicklung und Verfeinerung des FEE-Modells zu integrieren.

Mit der **Modernisierung der technischen Anlagen** werden Optimierungen in den Bereichen Wärmeerzeugung, Wärmeverteilung, Wärmeübergabe und Steuerung angestrebt. Im Rahmen des FEE-Modells erfolgt eine pauschale, zusammenfassende Bewertung dieser Kategorien auf Basis der Endenergie-Aufwandszahl. Es ist daher momentan nicht möglich, Optimierungspotenziale für Teilbereiche der Anlagenmodernisierung nachzuweisen. Zur Weiterentwicklung des FEE-Modells besteht Forschungsbedarf im Rahmen der Überprüfung und Ergänzung der verwendeten Endenergie-Aufwandszahlen. Vorläufig kann ersatzweise eine Überprüfung anhand von Energiemanagementchecklisten vorgenommen werden, die jedoch an dieser Stelle nicht weiter vertieft werden soll.[181]

Zielsetzung der **Bauwerksmodernisierung** sind wärmetechnische Optimierungen der Gebäudehülle. Die Gebäudehülle wird von vier strategischen Bauteilen begrenzt: Oberste Geschossdecke oder Dach, Außenwand, Fenster, Fußboden oder Kellerdecke. Im FEE-Modell werden die Ausgangslage (Ist-Zustand) sowie maximal mögliche Modernisierungsvarianten (Soll-Zustand) für diese Bauteile bewertet.

---

[180] Vgl. ebenda.
[181] Vgl. ebenda.

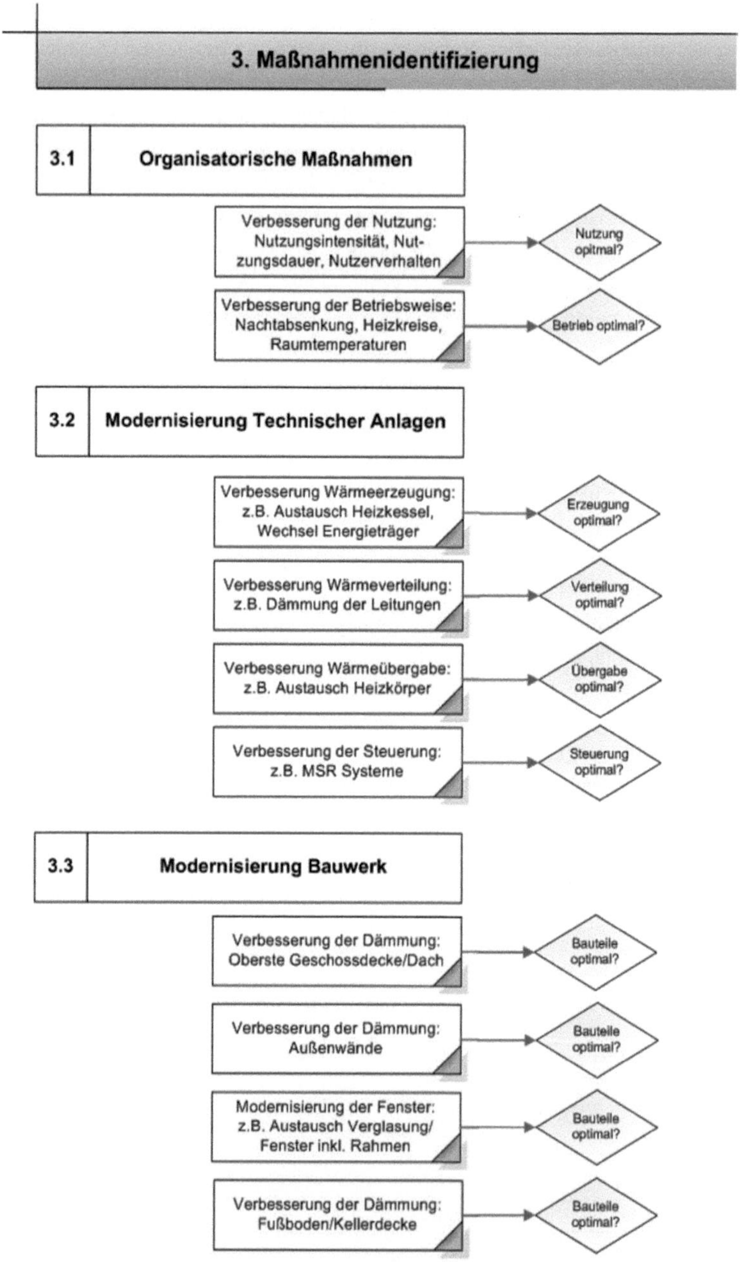

3. Maßnahmenidentifizierung

3.1 Organisatorische Maßnahmen

- Verbesserung der Nutzung: Nutzungsintensität, Nutzungsdauer, Nutzerverhalten → Nutzung opitmal?
- Verbesserung der Betriebsweise: Nachtabsenkung, Heizkreise, Raumtemperaturen → Betrieb optimal?

3.2 Modernisierung Technischer Anlagen

- Verbesserung Wärmeerzeugung: z.B. Austausch Heizkessel, Wechsel Energieträger → Erzeugung optimal?
- Verbesserung Wärmeverteilung: z.B. Dämmung der Leitungen → Verteilung optimal?
- Verbesserung Wärmeübergabe: z.B. Austausch Heizkörper → Übergabe optimal?
- Verbesserung der Steuerung: z.B. MSR Systeme → Steuerung optimal?

3.3 Modernisierung Bauwerk

- Verbesserung der Dämmung: Oberste Geschossdecke/Dach → Bauteile optimal?
- Verbesserung der Dämmung: Außenwände → Bauteile optimal?
- Modernisierung der Fenster: z.B. Austausch Verglasung/ Fenster inkl. Rahmen → Bauteile optimal?
- Verbesserung der Dämmung: Fußboden/Kellerdecke → Bauteile optimal?

Abbildung 18: Prozessablauf Maßnahmenidentifizierung

4.5 Prozessablauf Umsetzungsempfehlung

4.5.1 Berechnung der Einsparkosten (ESPARKO)

Zunächst werden die Einsparkosten (ESPARKO) der Modernisierungsmaßnahmen berechnet.[182] Berechnungsgrundlagen sind die Annuitäten der Modernisierungskosten (EUR) und die jährlichen Energieeinsparungen, die durch die Modernisierungen erzielt werden (kWh). Zur Ermittlung der Modernisierungskosten werden externe Kostenkennwerte verwendet. Bei der Auswahl der Kostenkennwerte ist zu berücksichtigen, dass nur die Netto-Investitions-Kosten, d. h. die Kosten für die energetisch wirksame Gebäudedämmung in Ansatz gebracht werden. Im folgenden Beispiel sind dies die Kosten für das Wärmedämmverbundsystem (WDVS).[183] Die Investitionskosten für die darüber hinaus erforderlichen Baumaßnahmen fließen in die Berechnung nicht ein und werden in der Praxis aus dem Instandhaltungsbudget finanziert.[184]

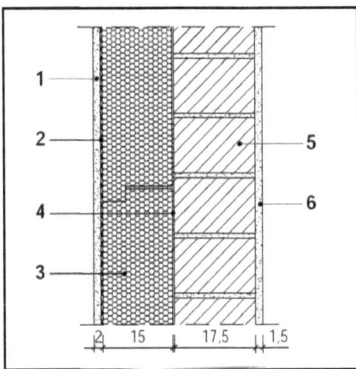

Abbildung 19: Bauteilaufbau einer wärmegedämmten Außenwand[185]

Legende:
1. *Außenputz*
2. *Armierungsschicht*
3. *Wärmedämmverbundsystem (WDVS)*
4. *Kleber*
5. *Kalksandstein*
6. *Innenputz*

---

[182] Vgl. Kapitel 3.5.
[183] Vgl. Abbildung 20: Auswahl der energetisch wirksamen Bauteilschicht.
[184] Vgl. Kapitel 3.4 und 3.5.
[185] BKI 2005, S. 22.

Aufbau	von	mittel	bis
1 Außenputz	11,00 €	17,00 €	23,00 €
2 Armierungsschicht	11,00 €	14,00 €	18,00 €
3 WDVS	**46,00 €**	**56,00 €**	**66,00 €**
4 Kleber	*	*	*
5 Kalksandstein	193,00 €	215,00 €	236,00 €
6 Innenputz	11,00 €	13,00 €	15,00 €
Summe	272,00 €	315,00 €	358,00 €
Anteil Netto-Investition	17%	18%	18%

Abbildung 20: Auswahl der energetisch wirksamen Bauteilschicht[186]

Beispielhaft ist die Ermittlung des Kostenkennwertes für die Dämmung der Außenwand dargestellt. Der im FEE-Modell verwendete Kostenkennwert für die Außenwand in Höhe von 50 EUR/m^2 wurde unter Verwendung der BKI Kostenkennwerte (EUR Brutto/m^2) als umsatzsteuerbereinigter Mittelwert ermittelt. Auf der Basis der ermittelten Einsparkosten ist eine erste Priorisierung und Umsetzungsempfehlung für die untersuchten Modernisierungsmaßnahmen auf Gebäudeebene durchführbar. Je geringer die Einsparkosten sind, desto effizienter ist die Modernisierungsmaßnahme.

4.5.2 Bewertung der Maßnahmeneffizienz (MEFFI)

Zur Bewertung der Maßnahmeneffizienz wird ein Kennwert gebildet. Hierzu werden die zuvor ermittelten Einsparkosten (EUR/kWh) durch die im Basisjahr definierten Energiekosten (EUR/kWh) dividiert. Die Bewertung der Maßnahmeneffizienz anhand eines Kennwerts ist erforderlich, um bei größeren Datenmengen eine Reihung und Gliederung der Modernisierungsmaßnahmen vornehmen zu können. Die effizientesten Maßnahmen sind diejenigen, deren Einsparkosten geringer sind als die Energiekosten. Bei diesen Maßnahmen ist der berechnete Maßnahmeneffizienzfaktor < 1.

4.5.3 Auswahl der Maßnahmen

Die Auswahl der Maßnahmen erfolgt nach Höhe des Maßnahmeneffizienzfaktors. Je geringer der Faktor, desto effizienter sind die Modernisierungsmaßnahmen. Im Rahmen der Umsetzungsempfehlung ist eine grobe Strukturierung in kurz-, mittel- und langfristige Maßnahmen durchzuführen. Die grobe Einteilung erfolgt auf Basis der ermittelten MEFFI wie folgt:

---

[186] Unter Verwendung von: BKI 2005, S. 22.

- Kurzfristige Maßnahmen sind diejenigen, deren Einsparkosten (ESPARKO) den Energiekosten (ENERKO) entsprechen bzw. darunter liegen und die somit einen Maßnahmeneffizienzfaktor bis max. 1 haben.
- Mittelfristige Maßnahmen sind diejenigen, deren Einsparkosten über den Energiekosten liegen und bis max. deren 5-fachen betragen. Der Maßnahmeneffizienzfaktor liegt somit zwischen 1 und 5 für mittelfristige Maßnahmen.
- Langfristige Maßnahmen sind diejenigen, deren Einsparkosten mehr als das 5-fache der Energiekosten betragen.

Die Priorisierung der Maßnahmeneffizienz kann für weitere Schritte zur Vorbereitung und Umsetzung der effizienzsteigernden Modernisierung verwendet werden. Es ist beispielsweise erforderlich, die Beauftragungen der stadtinternen Fachbereiche wie Hochbauamt, Gebäudewirtschaft und Baureferat oder externen Ingenieurbüros vorzubereiten. Für die Bauaufnahmen, Planungen, Ausführungen und Inbetriebnahmen im Rahmen der Umsetzung von Energieeffizienz steigernden Maßnahmen werden die im FEE-Modell für den SOLL- und IST-Zustand zugrunde gelegten Annahmen zusammengestellt und auf dieser Basis eine Zielvereinbarung für die Modernisierungsprojekte konzipiert.

4. Umsetzungsempfehlung

4.1 Berechnung der Einsparkosten (ESPARKO)

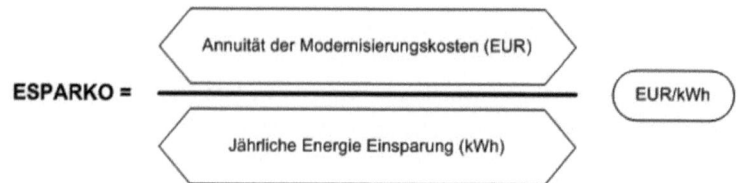

$$ESPARKO = \frac{\text{Annuität der Modernisierungskosten (EUR)}}{\text{Jährliche Energie Einsparung (kWh)}} \quad \text{EUR/kWh}$$

4.2 Bewertung der Maßnahmeneffizienz (MEFFI)

$$MEFFI = \frac{\text{Einsparkosten ESPARKO (EUR/kWh)}}{\text{Energiekosten ENERKO (EUR/kWh)*}} \quad \text{Faktor}$$

* Berücksichtigung Energiepreissteigerungsraten möglich: z.B. 5%

4.3 Auswahl der Maßnahmen

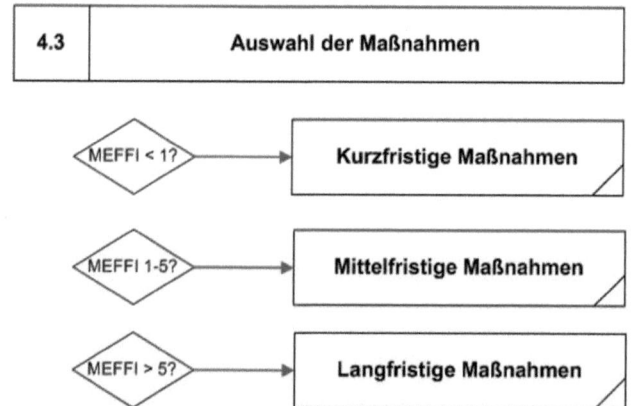

- MEFFI < 1? → Kurzfristige Maßnahmen
- MEFFI 1-5? → Mittelfristige Maßnahmen
- MEFFI > 5? → Langfristige Maßnahmen

Abbildung 21: Prozessablauf Umsetzungsempfehlung

4.6 Beispielberechnung mit EDV-Unterstützung

4.6.1 Prozessmodell-Umsetzung mit Tabellenkalkulationssoftware

Zur Umsetzung des zuvor erläuterten Prozessmodells und den zugrunde liegenden Formeln mit Tabellenkalkulationssoftware ist eine Strukturierung der Arbeitsschritte in die Bereiche „Datenerfassung und Auswertung" und „Berechnungen" erforderlich. Die Arbeitsschritte des Hauptprozesses Gebäudeanalyse werden folgenden Bereichen zugeordnet:

Datenerfassung und Auswertung:

- Energieverbrauch und Kosten,
- Gebäudegeometrie,
- U-Werte,
- Nutzungsrandbedingungen und
- technischer Anlagenaufwand.

Berechnungen:

- Heizwärmebedarfsberechnung und Heizenergiebedarfsberechnung,
- Budgetberechnung zur Energieeffizienz.

Bei der weiteren detaillierten Anpassung ist es erforderlich, die Tabellenblätter getrennt nach Ergebnisübersichten, Eingaben, Berechnungen und Dokumentation von Hintergrundinformationen zu trennen, um eine übersichtliche Bearbeitung zu ermöglichen. Die folgenden Tabellenblätter werden definiert:

- Ergebnisübersicht „FEE",
- Eingaben zur Gebäudenutzung „Input Usage",
- Eingaben zur Erfassung des Energieverbrauchs „Input Energy",
- Eingaben zur Erfassung der Baukonstruktion „Input Construction",
- Berechnungen „Calculation",
- Dokumentation von pauschalen U-Werten nach Baualtersklassen „U-Values",
- Dokumentation von Nutzungsrandbedingungen,
- Dokumentation von Gradtagzahlen für den Standort,
- Dokumentation von Modernisierungsvarianten.

In einem Ergebnisblatt „FEE" werden die Berechnungsergebnisse zusammenfassend dargstellt. Auf diese Weise ist es möglich, die Auswirkungen der baulichen, technischen und organisatorischen Maßnahmen auf das untersuchte Gebäude schnell und einfach auf einer Seite zu beurteilen (One Page Management). Die getrennten Eingaben-, Auswertungs- und Berechnungsblätter sind geeignet, um eine Dateneingabe durch mehrere Personen vorzunehmen. Die Unterscheidung zwischen „Eingabefeldern" und „Auswertungsfeldern" erfolgt zusätzlich durch eine entsprechende Kennzeichnung. Eingabefelder sind hellgrau (in der farbigen Darstellung gelb), Auswertungsfelder sind schwarz (in der farbigen Darstellung blau) gekennzeichnet. Im Bereich der kommunalen Verwaltung ist eine strukturierte Datenerfassung und Auswertung vorteilhaft, da die Zuständigkeiten für die Gebäudebelegung und Nutzung (z.b. Schulreferat), die bauliche Instandhaltung und das Energiemanagement (z.b. Baureferat) und die Haushaltsplanung (z.b. Kämmerei) in der Regel in unterschiedlichen Händen liegen. Die Tabellenblätter sollen verwendet werden, um die erforderlichen Informationen gezielt abzufragen und im Rahmen des strategischen Energiemanagements zusammenfassend auszuwerten.

Zur groben Einschätzung des energetischen Einsparpotenzials sind nur wenige Arbeitsschritte erforderlich. In den folgenden Kapiteln werden diese Arbeitsschritte aufgelistet und am Bewertungsbeispiel eines Kindergartens auszugsweise dargestellt.

4.6.2 Erfassung der Gebäudenutzung

Erforderliche Eingaben sind:

1. Gebäudename,
2. Baujahr,
3. Vorwiegende Nutzung (eine Auswahl-Liste der häufigsten kommunalen Nutzungen ist verfügbar),
4. Durchschnittliche Anzahl der Nutzer,
5. Jahresvollbenutzungsstunden (Vorgabewerte werden automatisch auf Basis der gewählten Gebäudenutzung bereitgestellt. Diese können aber auch manuell angepasst werden).

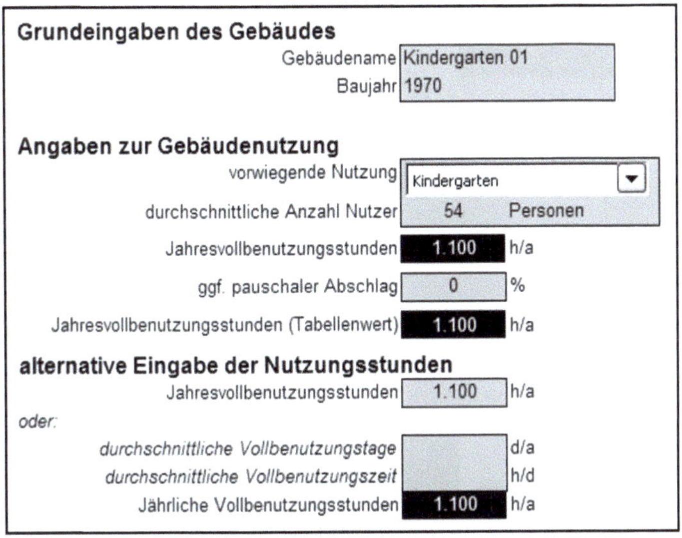

Grundeingaben des Gebäudes

Gebäudename: Kindergarten 01
Baujahr: 1970

Angaben zur Gebäudenutzung

vorwiegende Nutzung	Kindergarten	
durchschnittliche Anzahl Nutzer	54	Personen
Jahresvollbenutzungsstunden	1.100	h/a
ggf. pauschaler Abschlag	0	%
Jahresvollbenutzungsstunden (Tabellenwert)	1.100	h/a

alternative Eingabe der Nutzungsstunden

Jahresvollbenutzungsstunden	1.100	h/a

oder:

durchschnittliche Vollbenutzungstage		d/a
durchschnittliche Vollbenutzungszeit		h/d
Jährliche Vollbenutzungsstunden	1.100	h/a

Abbildung 22: Datenerfassung Gebäudenutzung

4.6.3 Erfassung und Auswertung des Energieverbrauchs

Erforderliche Eingaben sind:

1. Energieträger (eine Auswahlliste mit den üblichen Energieträgern ist verfügbar),
2. Heizenergiekosten im Basisjahr,
3. Kostenstand,
4. Quelle der Kostenangaben,
5. Jeweiliger Jahresverbrauch der letzten 3 bis 5 Jahre (kWh/a),
6. Endenergie-Aufwandszahl vor der Modernisierung (ein Tabellenwert ist auszuwählen),
7. Endenergie-Aufwandszahl nach der Modernisierung (ein Tabellenwert ist auszuwählen).

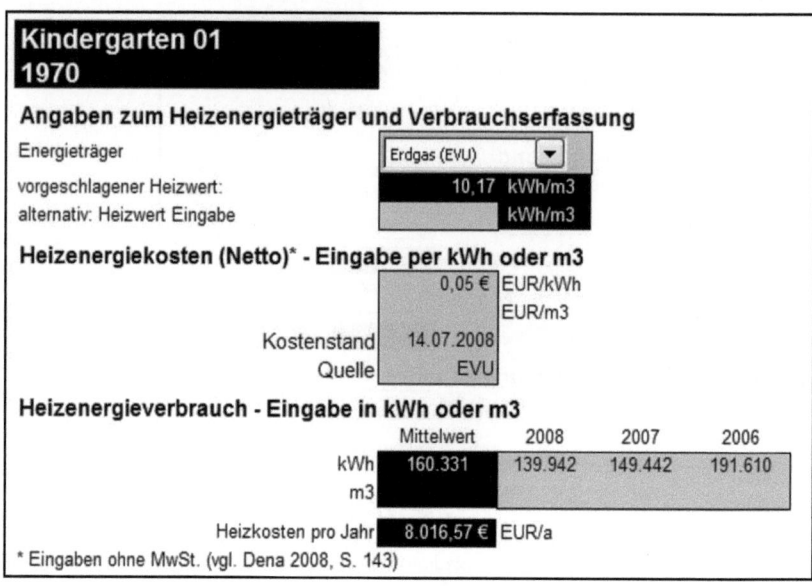

Abbildung 23: Datenerfassung Energieverbrauch Mittelwert

4.6.4 Erfassung und Auswertung der Gebäudegeometrie

Für jeden Gebäudeteil sind die folgenden Eingaben vorzunehmen:

1. Länge,
2. Breite,
3. Anzahl der Geschosse,
4. Geschosshöhe,
5. Fensterflächenanteil (Abschätzung anhand einer Auswahlliste),
6. U-Werte Außenwand (eine Auswahl-Liste mit baujahrstypischen U-Werten ist verfügbar),
7. U-Werte Fenster (Verwendung einer Auswahl-Liste),
8. U-Werte Kellerdecke (Verwendung einer Auswahl-Liste),
9. U-Werte Kellerdecke bzw. Fußboden (Verwendung einer Auswahl-Liste).

4.6 Beispielberechnung mit EDV-Unterstützung

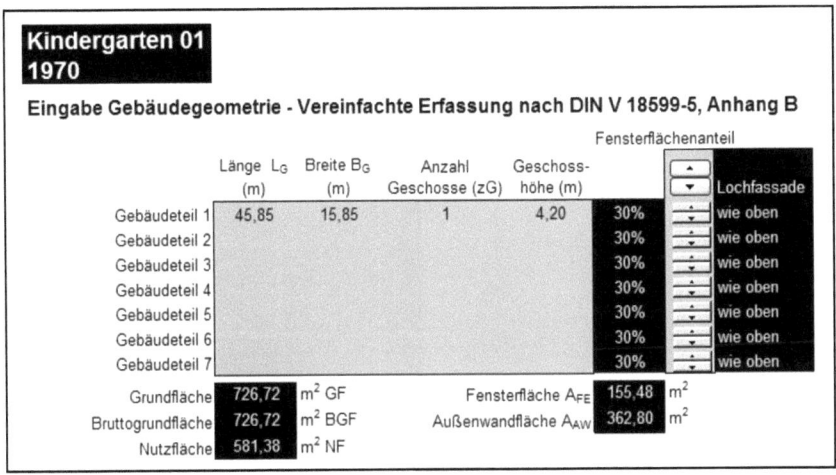

Abbildung 24: Datenerfassung Gebäudegeometrie

Die erforderlichen Auswertungen und Berechnungen erfolgen unter Verwendung der in Kapitel 4.3 beschriebenen Formeln. Diese sind in die Formeln des Tabellenkalkulationsprogramms übertragen und mit den Eingabe-, Auswertungs- und Berechnungsblättern entsprechend verknüpft worden.

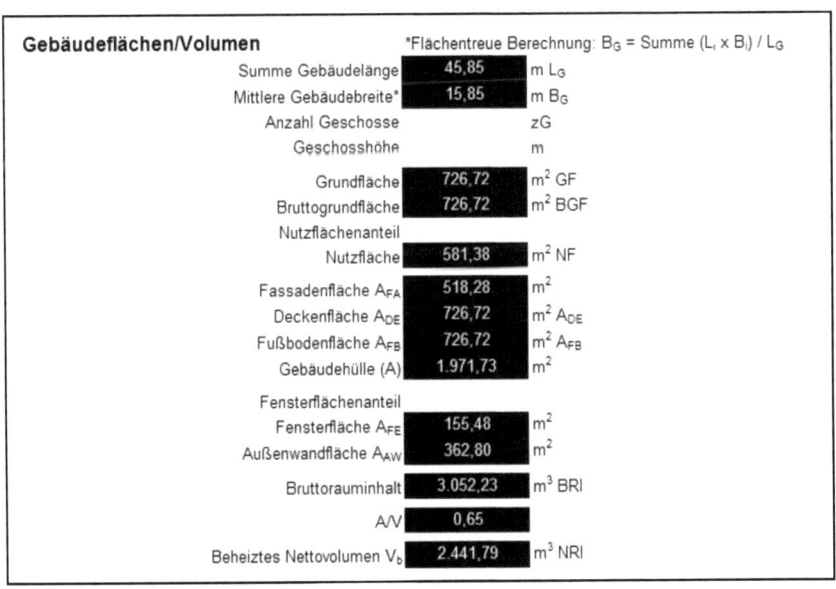

Abbildung 25: Datenauswertung Flächen und Volumen

4.6.5 Ermittlung des Heizenergiebedarfs

Heizenergiebedarf	Ist-Zustand	Soll-Zustand	
Endenergie-Aufwandszahl* $e_{E,H}$	1,37	1,14	
Lüftungsenergiebedarf Q_V	29.882,00	24.865,32	kWh/a
Anteile am Heizenergiebedarf			
oberste Geschossdecken und Flachdächer	23.655,69	5.905,29	kWh/a
Dachschrägen			kWh/a
Kellerdecken/Fußboden	59.139,22	9.186,00	kWh/a
Außenwand	27.555,37	3.439,39	kWh/a
Fenster	22.775,36	11.230,67	kWh/a
Transmissionsenergiebedarf Q_H	133.125,64	29.761,36	kWh/a
Heizenergiebedarf	163.007,65	54.626,67	kWh/a
Heizenergiebedarfskennwert	224,31	75,17	kWh/m² BGF a

Abbildung 26: Heizenergiebedarf im Soll-Ist-Vergleich

4.6.6 Lebenszyklusbetrachtung der Einsparpotenziale

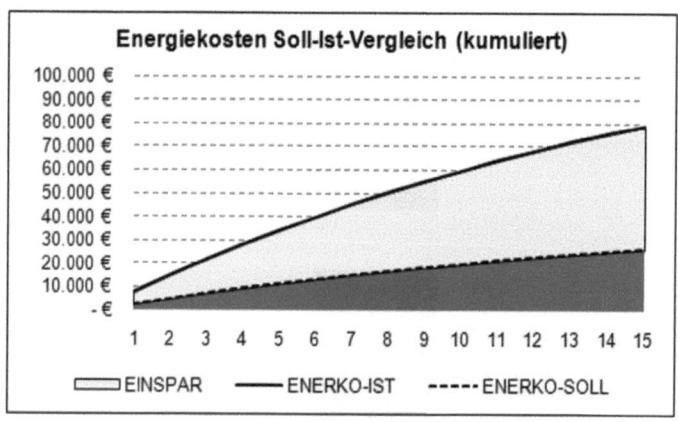

Abbildung 27: Energiekostenentwicklung im Soll-Ist-Vergleich

4.6 Beispielberechnung mit EDV-Unterstützung   115

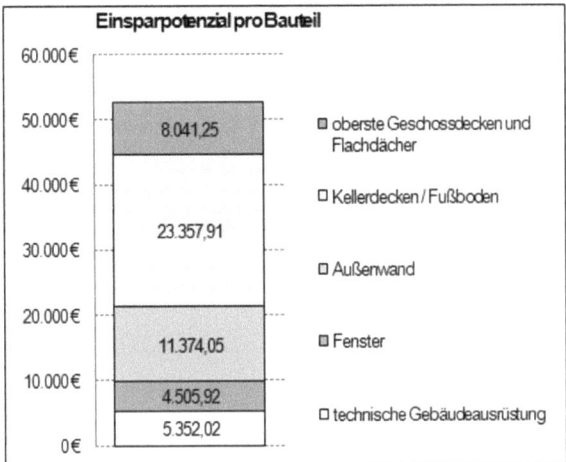

Abbildung 28: Maximale Einsparpotenziale der Bauteilmodernisierung

4.6.7 Maßnahmenidentifizierung am Beispiel des Kindergartens

Die Konzeption von Verbesserungs- und Modernisierungsmaßnahmen erfolgt durch Soll-Ist-Vergleiche und Auswahl unterschiedlicher Modernisierungsstandards.

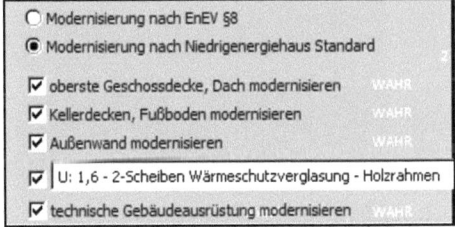

Abbildung 29: Auswahl des Modernisierungsstandards und Umfangs

4.6.8 Umsetzungsempfehlung am Beispiel des Kindergartens

Im FEE-Modell wird die Empfehlung zur Umsetzung von Modernisierungsmaßnahmen in drei Teilprozessen erstellt. Zunächst werden die Einsparkosten (ESPARKO) ermittelt. Die jeweiligen Einsparkosten werden in Relation zu den Energiekosten gestellt und ein Kennwert für die Maßnahmeneffizienz berechnet. Die Maßnahmeneffizienzfaktoren (MEFFI) werden zur Maßnahmenpriorisierung verwendet. Je kleiner MEFFI, desto kurzfristiger ist die Modernisierungsmaßnahme wirtschaftlich wirksam.

4 Entwicklung eines ganzheitlichen Prozessmodells

Einsparkosten Modernisierung Niedrigenergiehaus

Bauteile und TGA	Bauteil-fläche m²	Netto-Investition Kostenkennwert EUR/m²	Netto-Investition EUR	Annuität der Investition (15 Jahre, 6%) EUR/a	Barwert EINSPAR EUR	Energie-einsparung kWh/a	ESPARKO EUR/kWh
o. Geschossdecken/Flachdächer	726,72	20,00 €	14.534,45 €	1.496,51 €	8.041,25 €	7.096,71	0,21 €
Kellerdecken/Fußboden	726,72	20,00 €	14.534,45 €	1.496,51 €	23.357,91 €	11.039,32	0,14 €
Außenwand	362,80	50,00 €	18.139,80 €	1.867,72 €	11.374,05 €	4.133,31	0,45 €
Fenster	155,48	400,00 €	62.193,60 €	6.403,62 €	4.505,92 €	13.496,51	0,47 €
Technische Gebäudeausrüstung	726,72	100,00 €	72.672,25 €	7.482,54 €	5.352,02 €	11.021,17	0,68 €
Summe			182.074,55 €	18.746,90 €	52.631,15 € Mittelwert		0,39 €

Abbildung 30: Ermittlung der Einsparkosten (ESPARKO)

Kindergarten 01 Bauteile und TGA	ESPARKO EUR/kWh	ENERKO EUR/kWh	MEFFI
Kellerdecken/Fußboden	0,14 €	0,05 €	2,71
o. Geschossdecken/Flachdächer	0,21 €	0,05 €	4,22
Außenwand	0,45 €	0,05 €	9,04
Fenster	0,47 €	0,05 €	9,49
Technische Gebäudeausrüstung	0,68 €	0,05 €	13,58

Abbildung 31: Berechnung der Maßnahmeneffizienzfaktoren (MEFFI)

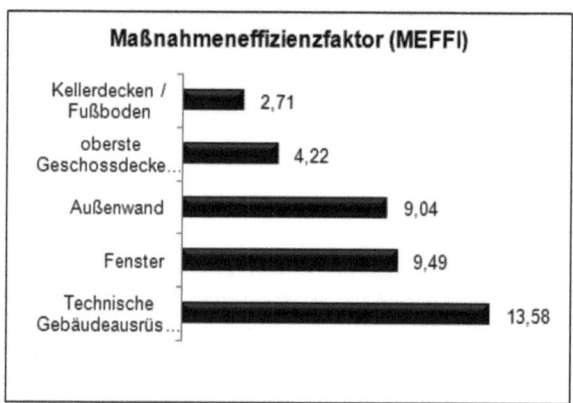

Abbildung 32: Priorisierung nach Maßnahmeneffizienzfaktoren

4.6.9 Zusammenfassende Auswertung mit der Ergebnisübersicht

Erforderliche Eingaben sind:

1. Modernisierungsstandard für die Fenster (Verwendung einer Auswahl-Liste mit materialtypischen Konstruktionen),
2. Modernisierungsmaßnahmen Priorisierung überprüfen und die Reihung ggf. anpassen.

4.6 Beispielberechnung mit EDV-Unterstützung

Abschließend werden Modernisierungsvarianten und Veränderungen der Rahmenbedingungen systematisch überprüft, um die vorteilhafteste Lösung zu ermitteln. Varianten werden untersucht durch alternative Eingaben von:

1. Abschreibungszeitraum,
2. Kalkulationszinssatz,
3. Modernisierungsstandard (Auswahl der voreingestellten Alternativen EnEV-Standard oder Niedrigenergiehaus-Standard),
4. Einzel- oder Gesamtmaßnahmen (Auswahl einer, mehrerer oder sämtlicher Modernisierungsmaßnahmen).

Die Ergebnisübersicht enthält somit nur wenige Eingabefelder, um die strategischen Einflussfaktoren zu variieren.

In den folgenden Abbildungen 33 und 34 sind beispielhaft die Auswirkungen geänderter Betrachtungszeiträume und Kalkulationszinssätze auf das Gesamtergebnis dargestellt. Zunächst wurden ein Lebenszyklus von 15 Jahren und ein Kalkulationszinssatz von 6 % gewählt. Der Barwert des entsprechend ermittelten Einsparpotenzials ist zu niedrig, um die Modernisierungskosten zu decken. Dieser Sachverhalt ist vor allem im linken unteren Diagramm „Lebenszykluskosten (kumuliert)" deutlich ablesbar: Die hellgraue Fläche des kumulierten Einsparpotenzials (EINSPAR) liegt unter den Modernisierungskosten (MOKO), die als schwarze Linie dargestellt sind (vgl. Abbildung 33). Mit der Eingabe längerer Betrachtungszeiträume und niedrigerer Kalkulationszinssätze lässt sich das Einsparpotenzial den Modernisierungskosten annähern. Im untersuchten Beispiel entspricht der Barwert der erzielbaren Einsparungen den Modernisierungskosten, wenn der Lebenszyklus auf 57 Jahre erhöht und der Kalkulationszinssatz auf 2 % reduziert werden (vgl. Abbildung 34). In der Excel-Anwendung sind sämtliche Eingabe- und Auswertungstabellenblätter miteinander verknüpft, sodass die Auswirkungen geänderter Einflussfaktoren sofort in den Diagrammen und Werten der Ergebnisübersicht ablesbar sind.

118 4 Entwicklung eines ganzheitlichen Prozessmodells

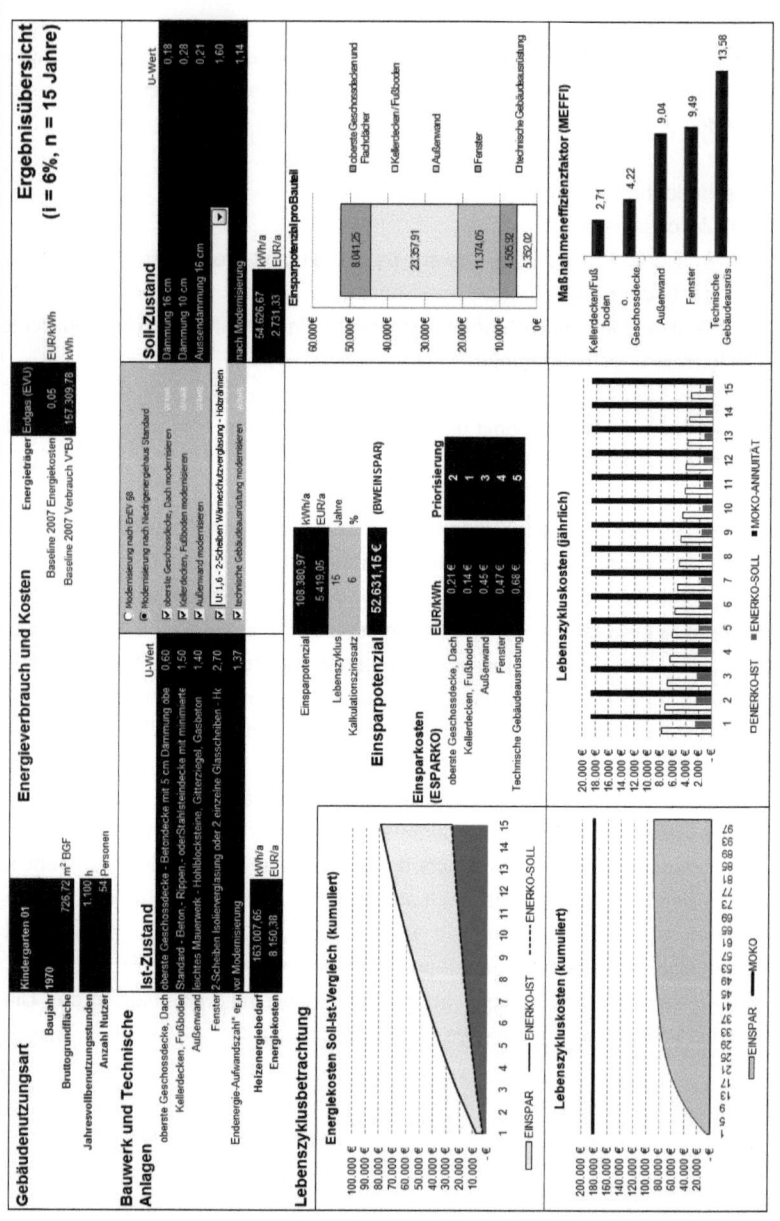

Abbildung 33: FEE 01 – Lebenszyklusbetrachtung 15 Jahre, 6 % Zinssatz

4.6 Beispielberechnung mit EDV-Unterstützung

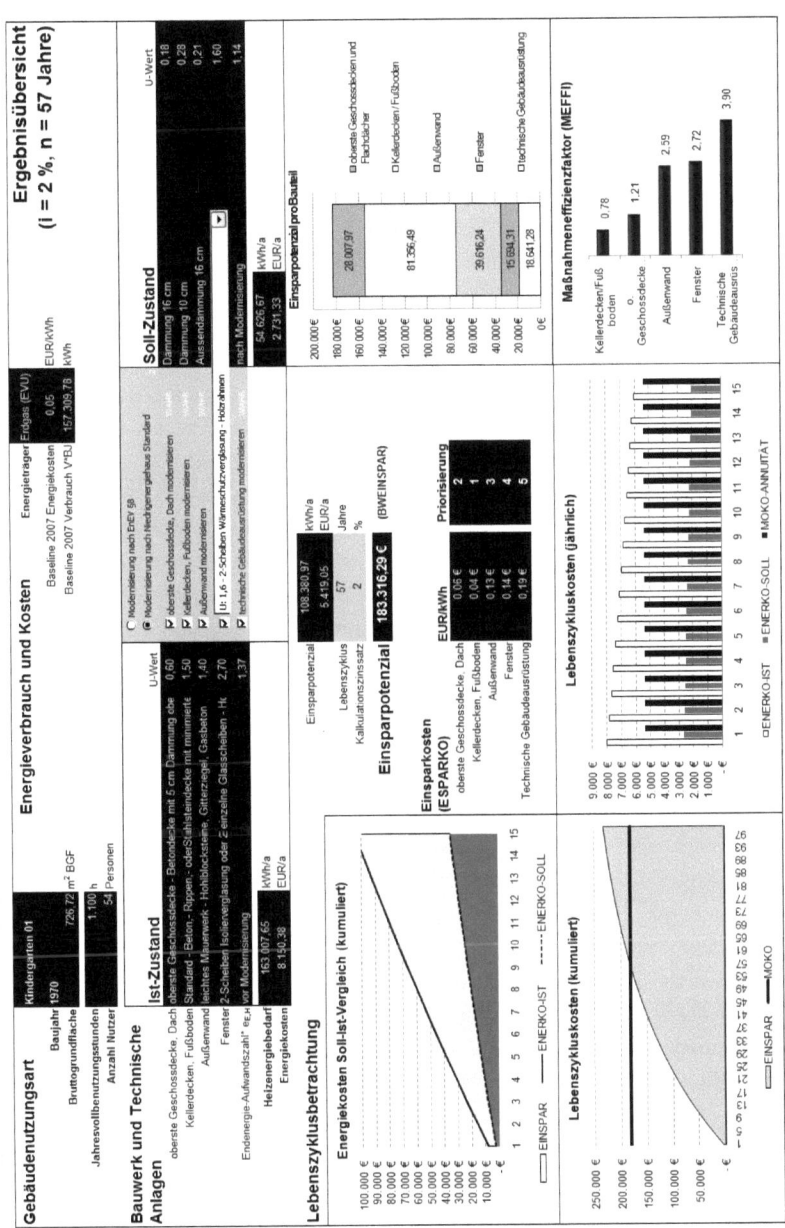

Abbildung 34: FEE 02 – Lebenszyklusbetrachtung 57 Jahre, 2 % Zinssatz

5 Modellanwendung am Beispiel kommunaler Bestandsgebäude

5.1 Auswahl und Priorisierung der Bestandsgebäude

5.1.1 Schule

Bei der zu untersuchenden Schule handelt es sich um eine dreizügige Grund- und zweizügige Hauptschule mit 500 Schülern. Die jährliche Nutzungsdauer wird unter Berücksichtigung von Wochenenden, Feiertagen und Schulferien mit 200 Tagen angenommen.[187] Das Gebäude wurde in den 60er Jahren in Modulbauweise mit vorgefertigten Beton-Elementen errichtet. In den 90er Jahren wurde eine Doppelsporthalle ergänzt. Das Schulgebäude wird zentral beheizt und mit Warmwasser versorgt. Der Energieträger ist Erdgas. Die Heizkessel wurden 1987 erneuert. Die elektrotechnische Ausstattung entspricht dem für Grund- und Hauptschulen üblichen Rahmen. Für den Betrieb der Schule ist ein Hausmeister zuständig. Die Hausmeisterwohnung befindet sich in einem Anbau des Schulgebäudes. Zur Vereinfachung wird im FEE-Modell nur die Schule betrachtet. Die Sporthalle und die Haumeisterwohnung gehen somit in die Berechnungen nicht ein. Auf die Gegenüberstellung von Berechnungsergebnis und realen Verbrauchswerten wirkt sich diese vereinfachende Annahme nicht aus. Es wird vorausgesetzt, dass sowohl die Sporthalle als auch die Hausmeisterwohnung in ihrem Verbrauch separat erfasst und abgerechnet werden.

5.1.2 Kindergarten 01

Der Kindergarten ist für zwei Gruppen mit einem zusätzlichen Betreuungsangebot für Kleinkinder unter drei Jahren ausgelegt. Der Kindergarten wird von 54 Kindern besucht. Die jährliche Nutzungsdauer beträgt unter Berücksichtigung von Wochenenden und Feiertagen 250 Tage. Das Gebäude wurde in den 70er Jahren als Werkstatt errichtet. Der eingeschossige Baukörper hat massive Ziegelsichtmauerwerkaußenwände und ein Flachdach mit Sichtbetonrand. Bauliche Veränderungen wurden vor allem im Innenausbau vorgenommen. Die Gebäudehülle wurde bisher noch nicht modernisiert und ist in einem sehr schlechten Zustand. Besonders die Undichtigkeiten und Mängel an Flachdach, Fenstern, Außenwänden sowie die veraltete Haustechnik tragen dazu bei. Der Kindergarten wird zentral beheizt und mit Warmwasser versorgt. Der Energieträger ist Erdgas. Der Heizkessel wurde 2007 erneuert. Die elektrotechnische Ausstattung entspricht dem für Kindergärten üblichen

---

[187] Bei dieser Angabe handelt es sich um einen Richtwert nach DIN V 18599-10:2007-02: Nutzungsrandbedingungen Nichtwohngebäude, Tabelle 4, S. 18.

Rahmen. Der Gebäudebetrieb des Kindergartens wird von Mitarbeitern des zentralen Baubetriebshofs wahrgenommen.

5.1.3 Kindergarten 02

Es handelt sich um einen zweigruppigen Kindergarten. Der Kindergarten wird von 53 Kindern besucht. Die jährliche Nutzungsdauer beträgt unter Berücksichtigung von Wochenenden und Feiertagen rund 250 Tage. Der Kindergarten ist in zwei Gebäudeteilen untergebracht. Das Hauptgebäude wurde als Schule in den 60er Jahren errichtet. In den 90er Jahren wurde das Schulgebäude zum Kindergarten umgebaut und um einen Anbau erweitert. Das zweigeschossige Hauptgebäude besteht aus massivem verputztem Mauerwerk mit Satteldach. Beim eingeschossigen Anbau handelt es sich ebenfalls um einen massiven Mauerwerksbau mit Satteldach. Der Kindergarten wird zentral beheizt und mit Warmwasser versorgt. Der Energieträger ist Heizöl. Der Heizkessel wurde 1993 eingebaut. Die elektrotechnische Ausstattung entspricht dem für Kindergärten üblichen Rahmen. Auch hier sind Mitarbeiter des zentralen Baubetriebshofs für den Gebäudebetrieb zuständig.

5.1.4 Freizeitheim

Das Freizeitheim wird für die Jugend- und Vereinsarbeit genutzt. Das Gebäude wurde in den 80er Jahren als Bauvorhaben mit der Bezeichnung „Betriebsräume für den Schul- und Breitensport sowie für die Jugend" errichtet.[188] Das zweigeschossige Gebäude besteht aus verputztem Ziegelmauerwerk mit Satteldach. Das Freizeitheim wird zentral beheizt. Der Energieträger ist Erdgas. Der zentrale Heizkessel wurde 1984 eingebaut. Die Warmwasserbereitung erfolgt mit Unterstützung von Solarkollektoren. Für den Gebäudebetrieb des Freizeitheims sind Mitarbeiter des zentralen Baubetriebshofs zuständig.

5.1.5 Bestandsdatenübersicht und Priorisierung der Gebäudeauswahl

Die Bestandsdaten werden nach dem im FEE-Modell erläuterten Gebäudeauswahlprozessablauf (vgl. Kapitel 4.2) in der folgenden Tabelle zusammengestellt.

Tabelle 6: Bestandsdatenübersicht Gebäudeauswahl

Gebäude	Heizungsart	Modernisierung oder Baujahr	Nutzungsintensität (V_{bh})	BGF (m^2)
SCHULE	Zentral	1960	1.300	5.747,64
KIGA 01	Zentral	1970	1.100	726,72

---

[188] Eingabeplanung, Stand 04.02.1983.

| KIGA 02 | Zentral | 1990 | 1.100 | 722,27 |
| FREIZEIT | Zentral | 1984 | 1.200 | 983,36 |

Zur Priorisierung der Gebäudeauswahl wird zunächst eine Bewertung gemäß Gebäudeauswahlprozess vorgenommen. Die Bewertungsergebnisse werden als Kennwert dokumentiert. Das 1. und 2. Teilziel wird mit dem Kennwert 10 bewertet, wenn die Frage mit „ja" beantwortet wird. Bei negativer Antwort ist der Kennwert 0. Die Kennwerte für das 3. und 4. Teilziel werden berechnet, indem die Bestandsdaten durch 100 dividiert werden. Die Summe der Kennwerte gibt die Priorität an. Je höher die Kennwertsumme, desto höher ist die Priorität. Eine hohe Priorität entspricht einem erwarteten hohen Einsparpotenzial für das zu untersuchende Gebäude.

Tabelle 7: Priorisierung der Gebäudeauswahl

Teilziele/Gebäude	SCHULE	KIGA 01	KIGA 02	FREIZEIT
1. Zentral beheizt?	10	10	10	10
2. Mod./Baujahr vor 1984?	10	10	0	10
3. Nutzungsintensiv? ($V_{bh}/100$)	13	11	11	12
4. Größe BGF? (m^2 BGF/100)	57,47	7,26	7,22	9,38
Kennwert	90,47	38,26	28,22	41,83
Priorität	1	3	4	2

Die Priorisierung der Gebäudeauswahl ergibt die folgende Reihung der Gebäude nach der Höhe der erwarteten Einsparpotenziale:

1. Schule,
2. Freizeitheim,
3. Kindergarten 01,
4. Kindergarten 02.

Obwohl der Kindergarten 02 das zweite Kriterium nicht erfüllt, soll er mit dem FEE-Modell untersucht werden. Der Kindergarten 02 wurde nach den Wärmeschutzanforderungen der Wärmeschutzverordnung von 1984 modernisiert. Es wird daher erwartet, dass der Heizwärmebedarf im Bereich von max. 100 kWh/m^2 BGF x a liegt und somit durch eine erneute Modernisierung vergleichsweise geringe Energieeinsparungen erzielbar sind.

5.2 Zusammenfassende Darstellung der Ergebnisse

In diesem Kapitel werden die Ergebnisse der mit dem FEE-Modell durchgeführten Berechnungen vergleichend dargestellt und bewertet. Die Ermittlung des jährlichen Heizenergiebedarfs ergab erwartungsgemäß bei der Schule, als deutlich größtes Gebäude, den höchsten Heizenergiebedarf von 1.305.448,53 kWh/a. Für die drei anderen kleineren Gebäude wurden Heizenergiebedarfswerte zwischen 92.726,57 kWh/a (Kindergarten 02) und 163.007 kWh/a (Kindergarten 01) ermittelt. Die Gegenüberstellung dieser für den definierten IST-Zustand ermittelten Heizenergiebedarfswerte (HEIZENG-IST) mit den Heizenergiebedarfswerten des beschriebenen SOLL-Zustands (HEIZENG-SOLL) ergab Einsparpotenziale (EINSPAR) in Höhe von 827.212,49 kWh/a (Schule) bis 43.496,02 kWh/a (Kindergarten 02). Die vergleichende Gegenüberstellung dieser Ergebnisse verdeutlicht, dass mit der Modernisierung der Schule – absolut betrachtet – die höchsten jährlichen Einsparungen erzielt werden können.

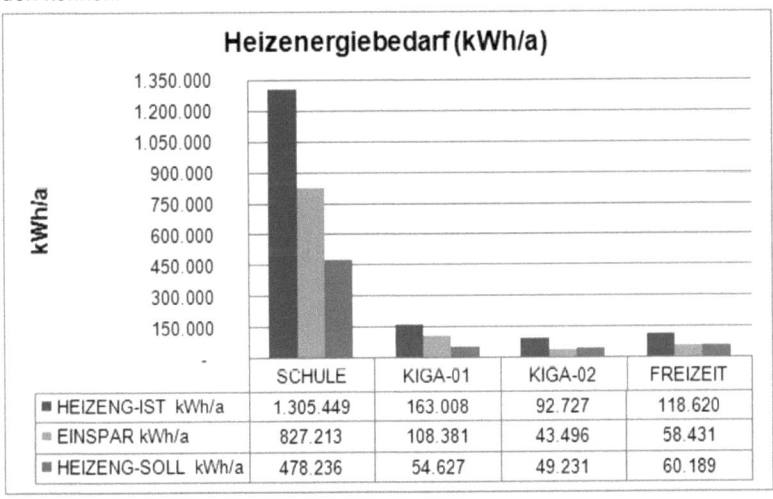

Abbildung 35: Heizenergiebedarf und Einsparpotenziale

Der zuvor erläuterte Vergleich der Jahresergebnisse lässt jedoch noch keine Einschätzung des für die Realisierung der Einsparpotenziale erforderlichen Aufwands zu. Hierzu ist die Angabe des jährlichen Heizenergiemengenbedarfs in Relation zu einer objektspezifischen Größe erforderlich. Die Bruttogrundfläche (BGF) wird als Bezugsgröße im Rahmen der Kostenermittlung und Effizienzbewertung häufig verwendet.[189] Die Verwendung dieser Bezugsgröße bildet darüber hinaus eine Grundlage, um die ermittelten jährlichen Heizenergiemengeneinsparungen im Rahmen von Wirtschaftlichkeitsbetrachtungen monetär zu bewerten. Die Kostenkennwerte (EUR/m² BGF × a) sind in einem nächsten Schritt den Jahreskosten (Annuitäten) der geplanten Modernisierungsmaßnahmen gegenüberzustellen. Dabei ist zu berücksichtigen, dass die im FEE-Modell verwendete Bruttogrundfläche (BGF) nach den im Rahmen des FEE-Modells getroffenen vereinfachenden Annahmen zur Erfassung und Auswertung der Gebäudegeometrie ermittelt wurde. Die vergleichende Gegenüberstellung der Heizenergiebedarfskennwerte (kWh /m² BGF × a) verdeutlicht, dass beim Kindergarten 01 – relativ zur BGF betrachtet - die höchsten jährlichen Einsparungen erzielbar sind.

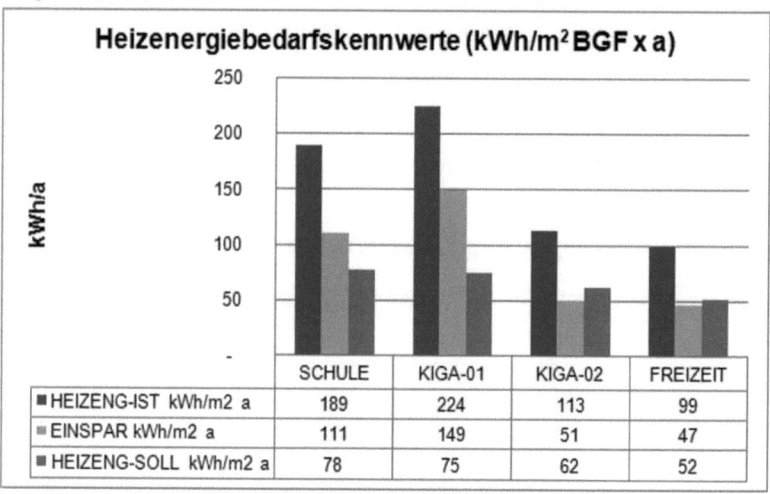

Abbildung 36: Jährliche Heizenergiebedarfskennwerte

Das jährliche Heizkosten-Einsparpotenzial wird berechnet, indem die jährliche Energieeinsparung (kWh/a) mit dem Kostenkennwert, der im Basisjahr festgelegt wurde, multipliziert wird. Für die mit Erdgas betriebenen Heizanlagen der Schule, des Kindergartens 01 und des Freizeitheims wird ein Kostenkennwert von 0,05 EUR/kWh zugrunde gelegt. Für den mit Heizöl betriebenen Kindergarten 02 wurde ein Kostenkennwert von 0,08 EUR/kWh ermittelt (vgl. Kapitel 4.3.8). Die Darstellung der ermittelten Jahresheizkosten ermöglicht somit einen Objektvergleich unter Berücksichtigung der Auswirkung unterschiedlicher Kosten für die verwendeten Energieträger.

---

[189] Vgl. Diederichs 2003, S. 14, 54.

Somit kann eine Priorisierung des Handlungsbedarfs nach wirtschaftlicher Vorteilhaftigkeit vorgenommen werden.[190]

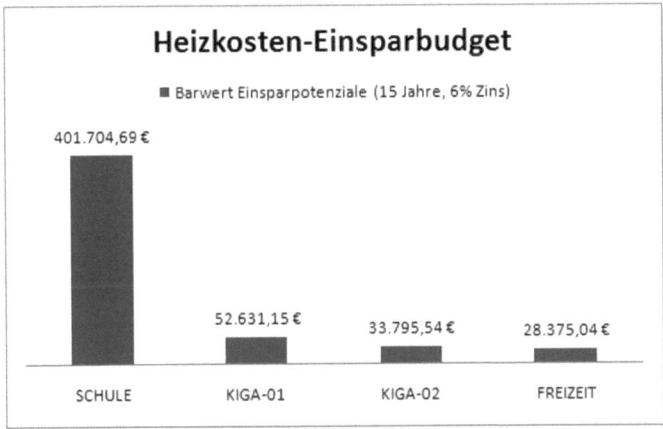

Abbildung 37: Heizkosten-Einsparbudget der vier Gebäude

Für die Priorisierung der erforderlichen Modernisierungsmaßnahmen sind die zuvor erläuterten Überlegungen zur relativen Vorteilhaftigkeit anzustellen. Das Heizkosten-Einsparbudget soll als Anreiz für die Durchführung von energetisch wirksamen Maßnahmen im Rahmen des ohnehin erforderlichen Instandhaltungsaufwands verwendet werden.

Die Instandhaltungskosten werden im FEE-Modell nicht ermittelt. Hierzu ist eine detaillierte Erfassung und Auswertung des Gebäudezustands erforderlich. Im FEE-Modell erfolgt die Ermittlung des Ist-Zustands und des Soll-Zustands auf der Basis von vereinfachenden Annahmen und Pauschalierungen bezüglich der Art und Qualität von Bausubstanz und Anlagentechnik. Es ist auf dieser allgemeinen strategischen Betrachtungsebene nicht möglich, detaillierte Aussagen über die zu erwartende Höhe des Modernisierungsbedarfs abzuleiten. Um einen groben Kostenrahmen zu definieren, sind die entsprechenden Kostenermittlungsmethoden zu verwenden. Genaue Einschätzungen lassen sich bei Umbau- und Sanierungsmaßnahmen erst auf Basis einer umfassenden Bestandsaufnahme und Modernisierungsplanung ableiten. Diese muss beispielsweise die Beseitigung von Bauschäden, Konzeption von Brand-, Wärme- und Schallschutzmaßnahmen berücksichtigen. Außerdem sind Honorare für die Bauaufnahme, Planungsleistungen und Objektüberwachung einzukalkulieren. Bei umfangreichen Maßnahmen können zusätzliche Kosten für den Umzug von Nutzern

---

[190] Vgl. Abbildung 24.

und Mietern und Interimsmaßnahmen oder Zwischennutzungen entstehen.[191] Kostenkennwerte werden beispielsweise vom ehemaligen Baukosten Informationsdienst (BKI) der deutschen Architektenkammern (heute BKI GmbH mit Sitz in Stuttgart) herausgegeben.[192] Zielsetzung des FEE-Modells ist es, die Objekte zu identifizieren, bei denen eine vertiefende Untersuchung vorteilhaft in Bezug auf die erzielbaren Energieeinsparungen ist.

Die mit finanzmathematischen Methoden abgebildete dynamische Entwicklung des Einsparbudgets über den Betrachtungszeitraum von 15 Jahren zeigt, dass energetische Modernisierungsmaßnahmen nicht nur ökologisch durch eine Reduzierung des Heizenergieverbrauchs und somit der Reduzierung des CO_2-Ausstoßes wirksam sind, sondern sich auch als nachweislich ökonomisch vorteilhaft erweisen. Das Einsparbudget für die vier Objekte entspricht einem Barwert von 516.506,42 EUR, wenn über eine Laufzeit von 15 Jahren eine Verzinsung von 6% berücksichtigt wird. Preissteigerungsraten für die Energieträger sind bei dieser vereinfachenden Betrachtung nicht berücksichtigt. Es ist aber möglich, die Berechnungen im Bedarfsfall (z.B. wenn Ist- und Soll-Heizkosten auf Basis unterschiedlicher Preissteigerungsraten für verschiedene Energieträger betrachtet werden sollen) mit wenig Aufwand entsprechend zu detaillieren.[193] Aufgrund der reduzierten jährlichen Kosten ist der Kostenverlauf HEIZKOST-SOLL flacher als der Kostenverlauf HEIZKOST-IST. Die Differenz zwischen Soll- und Ist-Verlauf der Heizkosten wird als jährlich anwachsendes Einsparbudget abgebildet (EINSPAR).

5.3 Sensitivitätsanalyse am Beispiel des Kindergartens

Die Ergebnisse werden im Rahmen einer Sensitivitätsanalyse bewertet. Es soll überprüft werden, wie sich die Genauigkeitsanforderungen in der Datenerfassung auf das ermittelte Einsparbudget ($BW_{EINSPAR}$) auswirken. Die Auswirkungen der wesentlichen Einflussfaktoren werden durch systematisches Verändern der Eingaben am Beispiel eines typischen kommunalen Bestandsgebäudes (Kindergarten 01) untersucht.

5.3.1 Auswirkung steigender Energiekosten

Wie wirkt sich eine angenommene Preissteigerung auf das Einsparbudget aus? Der mit der Baseline definierte Energiekostenkennwert (EUR/kWh) ist auf das Basisjahr bezogen. Im Laufe der 15-jährigen Betrachtungszeit ist davon auszugehen, dass

---
[191] Vgl. Diederichs 2003, S. 6: Investitions-/Kostenrahmen für Umbau und Sanierung.
[192] Vgl. www.bki.de.
[193] Vgl. Kapitel 3.5.

5.3 Sensitivitätsanalyse am Beispiel des Kindergartens

Energiepreissteigerungen erfolgen werden. Im Allgemeinen werden Preissteigerungsraten von 2% bis 5% angenommen.[194] Eine Preissteigerungsrate von jährlich 5% würde über eine Laufzeit von 15 Jahren den Energiekostenkennwert um den Faktor 2,07 erhöhen.[195]

Tabelle 8: Auswirkung einer jährlichen Energiepreissteigerung von 5%

IST-EUR	BW$_{EINSPAR}$	f$_{EUR}$	IST*	BW$_{EINSPAR}$*	f$_{BWEINSPAR}$*
(EUR/kWh)	(EUR)	(Faktor)	(EUR/kWh)	(EUR)	
0,05	52.631,15	2	0,10	105.262,30	2

IST-EUR   Energiekostenkennwert im Basisjahr (Ausgangslage)
BW$_{EINSPAR}$ Barwert des Einsparbudgets (Ausgangslage)
f$_{EUR}$ Faktor, um den der Ist-Wert des Energiekostenkennwerts variiert wird
IST*   Energiekostenkennwert im Basisjahr (Variante)
BW$_{EINSPAR}$*   Barwert des Einsparbudgets (Die Variantenberechnung erfolgt mit FEE-Modell unter Verwendung von Excel. In der Tabelle sind nur die Ergebnisse dargestellt.)
f$_{BWEINSPAR}$*   Faktor, um den sich der Barwert des Einsparbudgets verändert (BW$_{EINSPAR}$*/BW$_{EINSPAR}$)

Die Erhöhung des Energiekostenkennwertes wirkt sich unmittelbar auf das Einsparbudget aus. Aus diesem Grund muss der Energiekostenkennwert sehr sorgfältig ermittelt werden. Außerdem erfolgt die monetäre Bewertung getrennt von der Berechnung der Energieeinsparung und ist eindeutig nachvollziehbar dokumentiert. Die angenommene Preissteigerung des Energiekostenkennwertes wird zur monetären Bewertung von IST-Zustand und SOLL-Zustand verwendet. Solange bei beiden Varianten derselbe Energieträger verwendet wird, kann die vereinfachende Ermittlung als ausreichend angenommen werden. Ändert sich der Energieträger, z.B. durch die Umstellung von Erdgas- auf Holzpelletsheizkesselanlage, ist es sinnvoll, die Auswirkung unterschiedlicher Preisentwicklungen auf den Barwert genauer zu untersuchen. Anstelle des im FEE-Modell vereinfachend verwendeten Barwertfaktors ist bei jährlich unterschiedlichen Raten eine Ermittlung mit der Kapitalwertmethode unter Berücksichtigung jährlicher Zahlungen erforderlich.

---

[194] Dena 2008, S. 41: „Jährliche Preissteigerungsraten: Elektroenergie 2%, Heizenergie 5%, Betriebskosten 2%".
[195] $q^n = 1,05^{15} = 2,07$.

5.3.2 Auswirkung veränderter Gebäudegeometrie

Wie wirkt sich eine um 20% längere Gebäudegeometrie auf das Einsparbudget aus? Für die Bewertung von Bestandsgebäuden liegen eher selten aktuelle und vollständige Bestandsdokumentationen vor. Die Zusammenstellung und Aktualisierung der Unterlagen verursacht einen erheblichen Arbeitsaufwand. Bei veralteten und unvollständigen Bestandsunterlagen ist eine exakte Ermittlung der Gebäudegeometrie nur durch Aufmaße vor Ort möglich. Um den Arbeitsaufwand so gering wie möglich zu halten, werden im FEE-Modell vereinfachende Annahmen zur Erfassung der Gebäudegeometrie getroffen. Die Genauigkeit orientiert sich am Genauigkeitsniveau der Planungsphase. Es ist somit einzukalkulieren, dass die grob erfasste Gebäudegeometrie vom tatsächlichen Bestand abweicht. Eine wesentliche Kenngröße zur Erfassung der Gebäudegeometrie im FEE-Modell ist die Gebäudelänge (LG).

Tabelle 9: Auswirkung um 20 % verlängerter Gebäudegeometrie

IST-LG	$BW_{EINSPAR}$	f_{LG}	IST-LG*	$BW_{EINSPAR}$*	$f_{BWEINSPAR}$*
(m)	(EUR)	(Faktor)	m	EUR	(Faktor)
45,85	52.631,15	1,2	55,02	61.780,43	1,17

IST-L_G Erfasste Gebäudelänge (Ausgangslage)
$BW_{EINSPAR}$ Barwert des Einsparbudgets (Ausgangslage)
f_{LG} Faktor, um den der Ist-Wert variiert wird
IST-L_G* Erfasste Gebäudelänge (Variante)
$BW_{EINSPAR}$* Barwert des Einsparbudgets (Variantenberechnung erfolgt mit FEE-Modell)
$f_{BWEINSPAR}$* Faktor, um den sich der Barwert des Einsparbudgets verändert ($BW_{EINSPAR}$*/$BW_{EINSPAR}$)

5.3 Sensitivitätsanalyse am Beispiel des Kindergartens

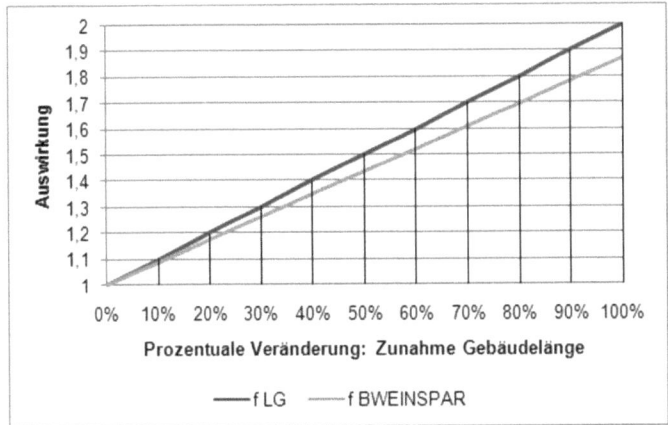

Abbildung 38: Auswirkung veränderter Gebäudegeometrie

Grundsätzlich erhöht die Vergrößerung der Gebäudegeometrie das Einsparbudget. Die stufenweise Verlängerung des Gebäudes um den Faktor fLG zeigt jedoch, dass der Faktor, um den sich der Barwert des Einsparbudgets verändert (fBWEINSPAR), mit zunehmender Gebäudegröße geringer wird. Solange Ist-Zustand und Soll-Zustand anhand der gleichen Geometrie bewertet werden, ist diese Abweichung zu vernachlässigen. Zusammenfassend wird festgestellt: Je größer ein Gebäude ist, desto geringer ist die prozentuale Auswirkung der Geometrieveränderung auf das Einsparbudget.

5.3.3 Auswirkung erhöhter U-Werte im Ist-Zustand

Wie wirkt sich ein schlechterer Ist-Zustand mit 20% höheren U-Werten auf das Einsparbudget aus? Die Beurteilung der vorhandenen Wärmedämmung der Gebäudehülle erfolgt auf Basis von Pauschalwerten. Diese sind nach Baujahren gegliedert und wurden auf Basis von Wohngebäudeanalysen erstellt. Aufgrund fehlender Vergleichswerte für Nichtwohngebäude werden diese vorläufig verwendet. Es besteht eine Unsicherheit darin, ob die Wohnungsbaukonstruktionen auf öffentliche Gebäude übertragbar sind. Außerdem ist nicht sicher, ob die für Wohnungsbauten typischen Baualtersklassen auch für kommunale Bestandsgebäude zutreffend sind. Darüber hinaus ist bei einer Zuordnung der Baualtersklassen zu berücksichtigen, dass aufgrund von Modernisierungen und Veränderungen an der Gebäudehülle abweichende Baukonstruktionen und Materialien vorhanden sind. Abhängig vom Instandhaltungszustand der Bestandsgebäude sind Gebäudemängel (Risse, Durchfeuchtungen, Undichtigkeiten etc.) nicht auszuschließen, die die Dämmwirkung herabsetzen und die Energieeffizienz verschlechtern.

Tabelle 10: Auswirkung um 20 % schlechterer U-Werte im Ist-Zustand

IST-U	BW$_{EINSPAR}$	f$_U$	IST-U*	BW$_{EINSPAR}$*	f$_{BWEINSPAR}$*
W/m² K	EUR	(Faktor)	W/m² K	EUR	(Faktor)
1,55	52.631,15	1,2	1,86	65.560,64	1,25

IST-U   Mittlerer U-Wert des Ist-Zustands (Ausgangslage)
BW$_{EINSPAR}$ Barwert des Einsparbudgets (Ausgangslage)
f$_U$ Faktor, um den der Ist-U-Wert variiert wird
IST-U*   Mittlerer U-Wert des Ist-Zustands (Variante)
BW$_{EINSPAR}$*   Barwert des Einsparbudgets (Variantenberechnung erfolgt mit FEE-Modell)
f$_{BWEINSPAR}$*   Faktor, um den sich der Barwert des Einsparbudgets verändert (BW$_{EINSPAR}$*/BW$_{EINSPAR}$)

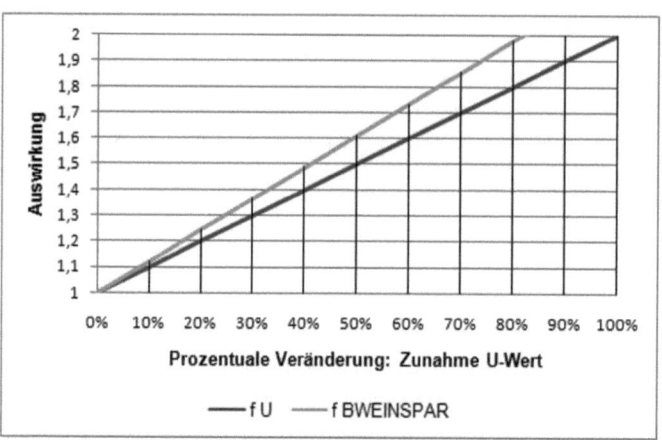

Abbildung 39: Auswirkung veränderter U-Werte

Je schlechter der Ist-Zustand des Gebäudes angenommen wird, desto höher ist das ermittelte Einsparpotenzial. Bei dem untersuchten Beispielgebäude wirkt sich die Verschlechterung des U-Wertes überproportional auf die Erhöhung des Einsparbudgets aus. Der dargestellte Zusammenhang wird jedoch von der Gebäudegeometrie des untersuchten Bestandsgebäudes (Kindergarten 01) geprägt. Dieses Gebäude hat eine Bruttogrundfläche von unter 1.000 m². Es wurde somit ein relativ kleines Gebäude untersucht. Zur weiteren Vertiefung sind die Auswirkungen bei unterschiedlichen Gebäudegrößen zu überprüfen.

5.3.4 Auswirkung erhöhter Jahresvollbenutzungsstunden

Wie wirken sich um 20% höhere Jahresvollbenutzungsstunden auf das Einsparbudget aus? Die anhand von Tabellenwerten eingeschätzten Jahresvollbenutzungsstunden beinhalten das Risiko, dass die tatsächlichen Gegebenheiten vor Ort von den standardisierten Werten abweichen. Es bestehen Unsicherheiten bezüglich der korrekten Berücksichtigung der Temperaturverhältnisse von Innen- und Außentemperatur und der Anzahl der Heiztage. Außerdem ist nicht sicher, ob die kalkulierten Betriebszeiten für die vorhandene Gebäudenutzung tatsächlich zutreffend sind.

Tabelle 11: Auswirkung um 20 % höherer Jahresvollbenutzungsstunden

IST-V_{bh}	BW$_{EINSPAR}$	f$_{Vbh}$	IST-V_{bh}*	BW$_{EINSPAR}$*	f$_{BWEINSPAR}$*
(h)	(EUR)	(Faktor)	(h)	(EUR)	(Faktor)
1.100	52.631,15	1,2	1.320	63.157,38	1,2

IST-Vbh   Jahresvollbenutzungsstunden (V_{bh}) im IST-Zustand (Ausgangslage)
BW$_{EINSPAR}$ Barwert des Einsparbudgets (Ausgangslage)
fVbh   Faktor, um den der Ist-V_{bh} Wert variiert wird
IST-V_{bh}*   Jahresvollbenutzungsstunden (Vbh) im IST-Zustand (Variante)
BW$_{EINSPAR}$*   Barwert des Einsparbudgets (Variantenberechnung erfolgt mit FEE-Modell)
f$_{BWEINSPAR}$*   Faktor, um den sich der Barwert des Einsparbudgets verändert (BW$_{EINSPAR}$*/BW$_{EINSPAR}$)

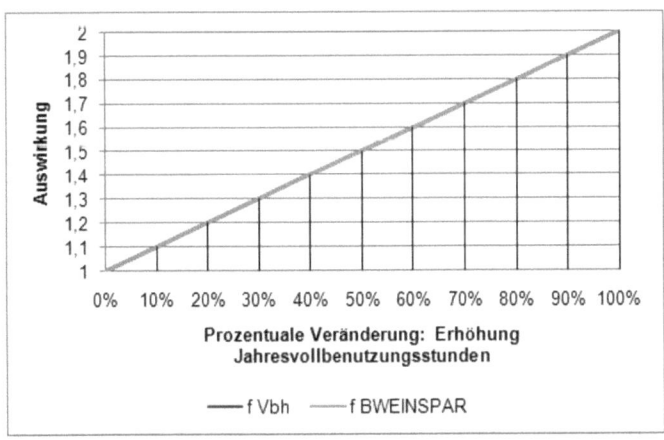

Abbildung 40: Auswirkung veränderter Jahresvollbenutzungsstunden

Die Auswirkung der Jahresvollbenutzungsstunden auf das Gesamtergebnis ist hoch und wirkt sich proportional aus. Werden Ist-Zustand und Soll-Zustand mit der gleichen Jahresvollbenutzungsstundenzahl berechnet, ist die Auswirkung für die Auswahl von Modernisierungsvarianten zu vernachlässigen. Die Angabe der Jahresvollbenutzungsstunden wird darüber hinaus zur Berechnung des Heizenergiebedarfs benötigt. Da dieser Wert später dem Energieverbrauch im Basisjahr gegenübergestellt werden soll, um damit das Einsparpotenzial zu berechnen, sind an die Genauigkeit der Jahresvollbenutzungsstunden hohe Anforderungen zu stellen. Der Arbeitsaufwand für das Ablesen und Eintragen eines Tabellenwertes ist im Vergleich zum Erfassungs- und Bewertungsaufwand für die Gebäudegeometrie und die U-Werte der Gebäudehülle relativ gering. Es ist somit erforderlich, den Jahresvollbenutzungsstunden bei der Verbesserung der Datengrundlage für die Energieeffizienzbewertung erhöhte Aufmerksamkeit zu widmen und das Bewertungsverfahren in diesem Bereich zu verfeinern.

5.3.5 Auswirkung erhöhter Luftwechselzahl

Wie wirkt sich eine um 20% höhere Luftwechselzahl auf das Einsparbudget aus? Die Luftwechselzahl wird von unterschiedlichen Faktoren beeinflusst. Für den kontrollierten Luftwechsel sind vor allem das Lüftungsverhalten der Gebäudenutzer und das Innenraumvolumen des Gebäudes maßgeblich. Der unkontrollierte Luftwechsel wird von der Dichtheit der Gebäudehülle bestimmt. Bei der Bewertung von Bestandsgebäuden bestehen Unsicherheiten in der Einschätzung des nutzerspezifischen Lüftungsbedarfs. Es fehlen teilweise genaue Angaben über die Belegung der Gebäude. Die Nutzeranzahl und die Belegungsdichte können nur grob abgeschätzt werden. Das Gebäudevolumen wird im Rahmen der Erfassung und Auswertung der Gebäudegeometrie ermittelt. Diese Ermittlung berücksichtigt jedoch nicht die Grundrissgliederung und Raumaufteilung im Gebäudeinneren. Einschätzungen über den unkontrollierten Luftwechsel können in der Regel nur anhand von detaillierten Informationen über den Instandhaltungszustand getroffen werden, die beispielsweise mit einer Bauzustandsbewertung durch Sachverständigengutachten zu erfassen sind. Das Baualter reicht nicht aus, um gesicherte Annahmen zur Mängelfreiheit und Dichtheit der Gebäudehülle zu treffen.

Tabelle 12: Auswirkung um 20 % höherer Luftwechselzahl

IST-n	$BW_{EINSPAR}$	f_n	IST-n*	$BW_{EINSPAR}$*	$f_{BWEINSPAR}$*
(1/h)	(EUR)	(Faktor)	(1/h)	(EUR)	(Faktor)
0,66	52.631,15	1,2	0,80	53.118,38	1,01

5.3 Sensitivitätsanalyse am Beispiel des Kindergartens

IST-n   Luftwechselzahl im Ist-Zustand (Ausgangslage)
BW$_{EINSPAR}$ Barwert des Einsparbudgets (Ausgangslage)
f_n Faktor, um den der Ist-Wert variiert wird
IST-n*   Luftwechselzahl im Ist-Zustand (Variante)
BW$_{EINSPAR}$* Barwert des Einsparbudgets (Variantenberechnung erfolgt mit FEE-Modell)
$f_{BWEINSPAR}$* Faktor, um den sich der Barwert des Einsparbudgets verändert (BW$_{EINSPAR}$*/BW$_{EINSPAR}$)

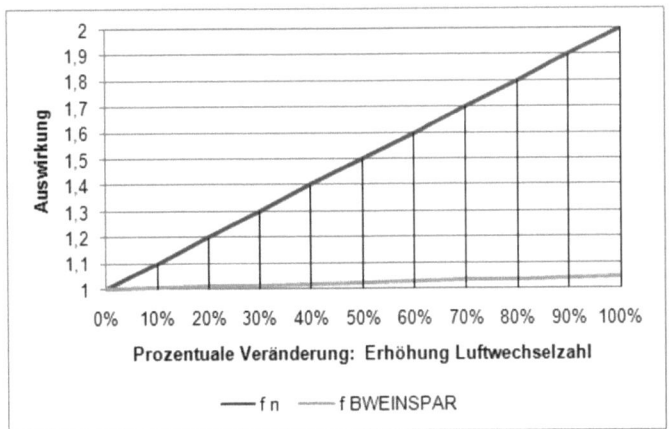

Abbildung 41: Auswirkung veränderter Luftwechselzahl

Die Erhöhung der Luftwechselzahl führt grundsätzlich zu einer Erhöhung des Energieverbrauchs und somit zu einem höheren jährlichen Einsparpotenzial. Das Verhältnis von 20 % höherer Luftwechselzahl zu einem um 1% höheren Einsparbudget verdeutlicht jedoch die untergeordnete Bedeutung dieser Einflussgröße im verwendeten Rechenverfahren. Das Rechenmodell berücksichtigt somit die hohen Unsicherheiten, die bei der Bestandseinschätzung bestehen. In der Praxis ist jedoch zu berücksichtigen, dass durch unangemessenes Lüftungsverhalten der Gebäudenutzer, z.B. ständig geöffnete Fenster in der Heizperiode, der Energieverbrauch erheblich erhöht wird.

5.3.6 Auswirkung erhöhter Endenergie-Aufwandszahl

Wie wirkt sich eine um 20% höhere Endenergie-Aufwandszahl auf das Einsparbudget aus? Die Einschätzung der Endenergie-Aufwandszahl für die Heizung (eEH) mit den verfügbaren Tabellenwerten beinhaltet das Risiko, dass die tatsächlichen Gegebenheiten vor Ort falsch eingeschätzt werden. Vor allem ist unsicher, ob Heizanlagen-Aufwandszahlen aus dem Wohnungsbaubestand (Einfamilienhäuser und Mehrfamilienhäuser) zur Bewertung kommunaler Bestandsgebäude verwendet werden können. Den Tabellenwerten liegen wohnungsbauspezifische Datenauswertungen mit folgenden Einflussgrößen zugrunde: Heizwärmebedarf, Wärmeverluste der Erzeugung, Übergabe Heizung, Verteilung, Speicherung, als Heizwärmebeitrag nutzbare Wärmegewinne aus der Warmwasserbereitung und Wärmezufuhr aus der Umwelt.[196] Somit können keine klimatisierten Bestandsgebäude anhand dieser Tabellenwerte beurteilt werden. Für Nichtwohngebäude, die über Zentralheizungsanlagen verfügen, wird die Verwendung als grundsätzlich möglich angenommen. Es bestehen aber vor allem Risiken aufgrund der unterschiedlichen Objekt- und Anlagengröße, insbesondere bei Nichtwohngebäuden (> 1.000 m² BGF) und der abweichenden Betriebsweise für spezifische Nutzungsanforderungen (z.B. Schulbetrieb, Vereinssport etc.). Nichtwohngebäude, die sowohl in der Größenordnung als auch in der Betriebsweise mit Wohngebäuden annähernd vergleichbar sind, müssten anhand der Tabellenwerte bewertet werden können, beispielsweise der hier untersuchte Kindergarten 01.

Tabelle 13: Auswirkung von 20% höherer Endenergie-Aufwandszahl

IST e_{EH}	$BW_{EINSPAR}$	f_{eEH}	IST-e_{EH}*	$BW_{EINSPAR}$*	$f_{BWEINSPAR}$*
(Faktor)	(EUR)	(Faktor)	(Faktor)	(EUR)	(Faktor)
1,37	52.631,15	1,2	1,64	68.462,86	1,3

IST-e_{EH} Heizanlagen-Aufwandszahl im IST-Zustand (Ausgangslage)
$BW_{EINSPAR}$ Barwert des Einsparbudgets (Ausgangslage)
f_{eEH} Faktor, um den der Ist-Wert variiert wird
IST-e_{EH}*   Heizanlagen-Aufwandszahl im IST-Zustand (Variante)
$BW_{EINSPAR}$*   Barwert des Einsparbudgets (Variantenberechnung erfolgt mit FEE-Modell)
$f_{BWEINSPAR}$*   Faktor, um den sich der Barwert des Einsparbudgets verändert ($BW_{EINSPAR}$*/$BW_{EINSPAR}$)

---

[196] Dena 2004, S. 12.

5.3 Sensitivitätsanalyse am Beispiel des Kindergartens

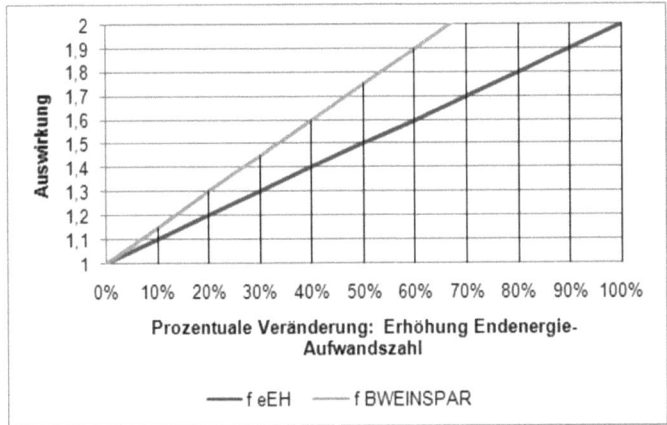

Abbildung 42: Auswirkung veränderter Endenergie-Aufwandszahl

Die Auswirkung der Endenergie-Aufwandszahl auf das Gesamtergebnis ist als sehr hoch einzuschätzen. Obwohl diese im Ist-Zustand um nur 20% erhöht wurde, hat sich das Einsparbudget um 30 % erhöht. Die Angabe der Endenergie-Aufwandszahl wird zur Berechnung des Heizenergiebedarfs benötigt. An die Genauigkeit dieses Faktors sind somit hohe Anforderungen zu stellen. Der Arbeitsaufwand für das Ablesen und Eintragen eines Tabellenwertes ist im Vergleich zum Erfassungs- und Bewertungsaufwand für die Gebäudegeometrie und die U-Werte der Gebäudehülle relativ gering. Es ist somit erforderlich, der Endenergie-Aufwandszahl bei der Verbesserung der Datengrundlage für die Energieeffizienzbewertung erhöhte Aufmerksamkeit zu widmen.

5.3.7 Auswirkung veränderter Temperaturdifferenz

Wie wirkt sich eine Erhöhung der Temperaturdifferenz um 20% auf das Einsparbudget aus? Die Temperaturdifferenz zwischen Außen- und Innentemperatur wird zur Berechnung des Heizwärmebedarfs benötigt. Dem FEE-Modell liegt die Annahme einer maximalen Temperaturdifferenz von 36 K zugrunde. Diese ergibt sich aus der mit -16°C angenommenen Außentemperatur und einer Innentemperatur von 20°C.[197]

---

[197] Pistohl 2005, S. H 268.

Tabelle 14: Auswirkung veränderter Temperaturdifferenzen

IST-ΔT	BW$_{EINSPAR}$	f$_{ΔT}$	IST- ΔT *	BW$_{EINSPAR}$*	f$_{BWEINSPAR}$*
(K)	(EUR)	(Faktor)	(K)	(Faktor)	(EUR)
36	52.631,15	1,2	43,2	63.157,38	1,2
36	52.631,15	0,8	28,8	42.104,92	0,8
36	52.631,15	0,97	35	51.169,17	0,97

IST- ΔT   Angenommene Temperaturdifferenz im FEE-Modell (Ausgangslage)
BW$_{EINSPAR}$ Barwert des Einsparbudgets (Ausgangslage)
f$_{ΔT}$ Faktor, um den der Ist-Wert der Temperaturdifferenz variiert wird
IST- ΔT *   Angenommene Temperaturdifferenz im FEE-Modell (Variante)
BW$_{EINSPAR}$*   Barwert des Einsparbudgets (Die Variantenberechnung erfolgt mit FEE-Modell unter Verwendung von Excel. In der Tabelle sind nur die Ergebnisse dargestellt.)
f$_{BWEINSPAR}$*   Faktor, um den sich der Barwert des Einsparbudgets verändert (BW$_{EINSPAR}$*/BW$_{EINSPAR}$)

Die Veränderung der angenommenen Temperaturdifferenz wirkt sich unmittelbar auf das Einsparbudget aus. Dieser Wert wird zur Bewertung von Ist-Zustand und Soll-Zustand verwendet. Solange bei beiden Varianten die gleiche Temperaturdifferenz zugrunde gelegt wird, kann die vereinfachende Annahme als ausreichend angenommen werden. Soll jedoch eine vergleichende Bewertung anhand des tatsächlichen Verbrauchs durchgeführt werden, sind höhere Anforderungen an den verwendeten Wert zu stellen. Die Genauigkeit der Annahmen wird verbessert, indem die winterlichen Außentemperaturverhältnisse des Standortes durch Daten des Deutschen Wetterdienstes oder ausgewertete Messergebnisse mehrerer Heizperioden und die gemittelten Innentemperaturen der Gebäudenutzung anhand ausgewerteter Messergebnisse mehrerer Heizperioden zugrunde gelegt werden.

5.4 Ergebnisanalyse im Vergleich zu externen Verbrauchskennwerten

Zur Überprüfung des mit dem FEE-Modell berechneten Heizenergiebedarfs (HEIZENG-IST) wird eine Gegenüberstellung mit dem bereinigten Verbrauch im Basisjahr (V*BJ) und externen Verbrauchskennwerten (VKW) des aktuellen Verbrauchskennwertberichtes der Ages GmbH[198] vorgenommen.

---
[198] Ages 2008.

Tabelle 15: FEE Heizenergiebedarfsermittlung im Vergleich (kWh/a)

Gebäude	HEIZENG-IST	V^*_{BJ}	VKW	HEIZENG-IST/V^*_{BJ}	HEIZENG-IST/VKW
SCHULE	1.305448,53	911.272,20	637.988,04	1,43	2,05
KIGA 01	163.007,65	157.309,78	93.746,88	1,04	1,74
KIGA 02	192.726,57	91.246,16	100.395,53	1,02	0,92
FREIZEIT	118.620,00	122.904,94	151.408,18	0,97	0,78

Die festgestellten Abweichungen zwischen HEIZENG-IST und V^*BJ sowie zwischen HEIZENG-IST und VKW werden objektspezifisch analysiert. Dabei werden insbesondere die in der Sensitivitätsanalyse identifizierten wesentlichen Einflussfaktoren überprüft.

5.4.1 Vergleichende Bewertung der Ergebnisse für die Schule

Für die Schule wurde mit dem FEE-Modell ein Heizenergiebedarf im IST-Zustand berechnet, der mit dem Faktor 1,43 deutlich über dem bereinigten Verbrauch im Basisjahr 2007 (V^*BJ) liegt. Diese hohe Abweichung veranlasst zunächst zur Überprüfung von Einflussgrößen, die eine hohe Auswirkung auf das Gesamtergebnis haben und bei deren Einschätzung hohe Unsicherheiten bestehen. Diese Bedingung trifft vor allem auf die Jahresvollbenutzungsstunden (Vbh) und die Anlagenaufwandszahlen (eEH) zu. Bei diesen Tabellenwerten ist nicht sicher, ob diese die aktuelle Situation kommunaler Bestandsgebäude angemessen berücksichtigen. Aufgrund fehlender Alternativen wurden diese vorläufig verwendet.

Es ist somit möglich, dass im FEE-Modell die Werte für Jahresvollbenutzungsstunden (Vbh) und Anlagenaufwandszahl (eEH) zu hoch angesetzt wurden. Bei der Festlegung der Jahresvollbenutzungsstunden bestand bei der Schule beispielsweise Unklarheit über den Umfang des üblichen Schulbetriebs (einschichtig oder mehrschichtig). Hier wurde mit 1.300 h zunächst ein Kennwert für einen mehrschichtigen Schulbetrieb gewählt. Eine Reduzierung der Vbh von 1.300 h auf 1.100 h und eine Reduzierung der eEH von 1,34 auf 1,2 ergibt einen Heizenergiebedarf von 872.060,76 kWh/a.

Dieser Wert liegt mit einer Abweichung um den Faktor 0,96 im akzeptablen Bereich. Die immer noch vorhandene Überschreitung des externen Verbrauchskennwertes (VKW) um den Faktor 1,37 kann auch auf den schlechten Zustand des Schulgebäudes hindeuten. Der gewählte Verbrauchskennwert (VKW) entspricht dem arithmetischen Mittelwert von 460 Schulgebäuden, die im Jahr 2005 ausgewertet, der Flächengrößenklasse 3.500 bis 10.000 m² BGF zugeordnet und deren Heizanlagen mit Erdgas betrieben wurden.[199] Diese Gebäudegruppe ist nicht nach Schularten gegliedert. Außerdem ist keine Untergliederung nach Baualter vorhanden. Es handelt sich somit um eine altersgemischte und sämtliche Schularten der gewählten Größenklasse umfassende Vergleichsgruppe (z.B. Grundschulen, Hauptschulen, Realschulen, Gymnasien, Berufsschulen, Sonderschulen).[200] Betrachtet man nur die Gebäudegruppe der Hauptschulen mit einem Flächendurchschnitt von 6.334 m² BGF und insgesamt 123 ausgewerteten Daten, lässt sich die untersuchte Schule bezüglich der Nutzungsart genauer einordnen. Der arithmetische Mittelwert dieser Gebäudegruppe beträgt 114 kWh/m² × a. Anhand der Häufigkeitsverteilung wird deutlich, dass eine sehr große Spreizung von unter 20 kWh/m² × a bis über 200 kWh/m² × a vorhanden ist. Der Modalwert[201] liegt bei 98 kWh/m² × a. Das schlechteste Viertel der erfassten Heizenergieverbrauchskennwerte hat ein arithmetisches Mittel von 172 kWh/ m² × a.[202] Verglichen mit diesem Mittelwert liegt der bzgl. Vbh und eEH angepasste Heizenergiebedarf des FEE-Modells in Höhe von 872.061 kWh/a um den Faktor 0,88 unter dem Verbrauchskennwert in Höhe von 988.594,08 kWh/a.

Bei dieser Betrachtung wird die Vorteilhaftigkeit des FEE-Modells gegenüber den statistischen Verfahren deutlich sichtbar. Jeder Wert ist im FEE-Modell eindeutig nachvollziehbar. Außerdem besteht ein direkter Bezug zum untersuchten Bestandsobjekt. Es ist somit möglich, Ergebnisse detailliert zu überprüfen und die Auswirkung von Anpassungsmaßnahmen nachvollziehbar darzustellen.

Die Verwendung von statistischen Kennwerten beinhaltet erhebliche Risiken, da weder die erfassten Verbrauchsdaten noch die Bezugsflächen überprüfbar sind. Die verfügbaren Vergleichsgruppen können nur einen Teilbereich von den in der kommunalen Praxis erforderlichen Bewertungsfällen erfassen. Ein Vergleichskennwert für Volksschulen der 60er Jahre ist beispielsweise nicht verfügbar.

Im Bezug auf die Zuordnung der Baualtersklassen besteht bei dem vorliegenden statistischen Datenmaterial die Problematik, dass die Gebäude teilweise modernisiert

---

[199] Ages 2008, S. 63.
[200] Ages 2008, Anhang 1, S. 5 – 17.
[201] Modus 45, d.h. es wurden Häufigkeitsverteilungen nach 45 Klassen untersucht. Die meisten Gebäude fielen in die Kategorie 98 kWh/a, vgl. Erläuterungen zum Modalwert in Ages 2008, S. 21 – 23.
[202] Ages 2008, Anhang 1, S. 11.

und umgebaut wurden und somit das Baujahr keine eindeutige statistische Zuordnung ergibt.[203] Die alleinige Verwendung der im „Ages Bericht" verfügbaren statistischen Verbrauchskennwerte ist zur Beurteilung der untersuchten Schule somit nicht geeignet.

5.4.2 Vergleichende Bewertung der Ergebnisse für den Kindergarten 01

Der mit dem FEE-Modell berechnete Heizenergiebedarf für den IST-Zustand (HEIZENG-IST) liegt um den Faktor 1,04 über dem bereinigten Verbrauch im Basisjahr 2007 (V*BJ). HEIZENG-IST liegt außerdem mit dem Faktor 1,74 deutlich über dem externen Verbrauchskennwert (VKW).[204] Wie zuvor am Beispiel der Schule erläutert, wird auch für den Kindergarten eine Anpassung der Energieaufwandszahl von 1,37 auf 1,2 vorgenommen. Im Ergebnis der erneuten Berechnung mit dem FEE-Modell erhält man einen Heizenergiebedarf von 142.780,42 kWh/a (HEIZENG-IST). Dieser Wert liegt nun mit dem Faktor 0,91 unter V*BJ, aber immer noch mit dem Faktor 1,52 über VKW.

Der verwendete Verbrauchskennwert (VKW) wurde auf der Grundlage von statistischen Datenauswertungen von Kindergärten der Flächengrößenklasse unter 1.000 m^2 BGF, deren Heizung mit Erdgas betrieben wird, ermittelt. In dieser Vergleichsgruppe wurden 173 Daten ausgewertet. Der Flächendurchschnitt beträgt 549 m^2 BGF. Als Vergleichskennwert wurde das arithmetische Mittel entsprechend der folgenden Empfehlung von Ages gewählt: *„Die Heranziehung des Modalwertes bedarf bei geringem Stichprobenumfang und bei Verteilungen, die aufgrund ihrer Streuung stark von der Normalverteilung abweichen, einer differenzierten und auf den Einzelfall ausgerichteten Betrachtungsweise und ist dann als Orientierungswert nicht ohne weiteres geeignet. In solchen Fällen ist das arithmetische Mittel für Vergleiche heranzuziehen."*[205] Unklar ist, ob diese für die Bereitstellung von statistischen Vergleichskennzahlen getroffene Aussage auch auf den zu untersuchenden Bestand zu übertragen ist. Mathematisch abgesicherter erscheint es, statistisch ausgewertete Vergleichsgruppen mit entsprechenden Vergleichsgruppen zu vergleichen. Anzunehmen ist, dass sich Fehlerrisiken mit größeren Datenmengen besser verteilen und weniger stark auswirken. Wird hingegen nur ein einzelnes Objekt mit den aus 173 erfassten Daten ermittelten statistischen Kennwerten verglichen, ist das Fehlerrisiko ungleich höher.

---

[203] Ages 2008, S. 58.
[204] Ages 2008, Anhang 4, S. 2.
[205] Ages 2008, S. 23.

Die Auswahl einer geeigneten Vergleichsgruppe erweist sich, wie zuvor bei der Schule erläutert, auch beim Kindergarten als schwierig. Ideal wäre eine Vergleichsgruppe mit Heizenergieverbrauchsdaten zu Kindergärten, die in den 70er Jahren gebaut und bisher nicht modernisiert worden sind. Diese Vergleichskennwerte sind jedoch nicht verfügbar. Im Anhang 4 des Ages Verbrauchskennwertberichtes ist eine Gegenüberstellung der Kennwerterhebung aus dem Jahr 2005 mit der letzten Auswertung im Jahr 1999 vorhanden. Bei den Heizenergieverbrauchskennwerten der Erhebung von 1999 sind neuere Gebäude nicht berücksichtigt. In der Gebäudegruppe Kindergärten wurden im Jahr 1999 insgesamt 553 Daten ausgewertet und ein arithmetischer Mittelwert von 177 kWh/m² BGF a ermittelt.[206] Im Vergleich zu diesem älteren Heizenergieverbrauchskennwert liegt der mit dem FEE-Modell berechnete und wie oben angegeben bzgl. der eEH angepasste Wert nur noch um den Faktor 1,1 über dem Verbrauchskennwert (VKW) in Höhe von 128.629 kWh/a. Die Verwendung der im Ages-Bericht verfügbaren statistischen Verbrauchskennwerte führt ohne die Überprüfungs- und Anpassungsmöglichkeiten der Berechnungen mit dem FEE-Modell zu nicht nachvollziehbaren Abweichungen und ist somit zur alleinigen Bewertung des Kindergartens 01 nicht geeignet.

5.4.3 Vergleichende Bewertung der Ergebnisse für den Kindergarten 02

Der mit dem FEE-Modell berechnete Heizwärmebedarf (HEIZENG-IST) stimmt nahezu genau mit dem bereinigten Energieverbrauch im Basisjahr 2007 (V*BJ) überein. HEIZENG-IST liegt um den Faktor 0,91 unter dem externen Verbrauchskennwert (VKW). Der VKW wurde auf Basis einer Vergleichsgruppe von Kindergärten mit einer Fläche bis 1.000 m² BGF gewählt, deren Heizanlage mit Heizöl betrieben wird. Datengrundlage zur Verbrauchskennwertermittlung in dieser Vergleichsgruppe sind 54 Datenauswertungen. Der Flächendurchschnitt liegt mit 473 m² BGF unter dem des Bestandsgebäudes. Der arithmetische Mittelwert beträgt 139 kWh/m² × a.[207] Die Abweichung vom FEE-Modell ist wie oben erläutert allein anhand des statistischen Datenmaterials nicht erklärbar. Versuchsweise wird auch dieser Kindergarten mit dem arithmetischen Mittelwert der Erhebung von 1999 in Höhe von 177 kWh/m² bewertet. Die Abweichung des mit dem FEE-Modell berechneten HEIZENG-IST erhöht sich damit auf den Faktor 0,73. Das heißt, der berechnete Heizenergiebedarf (HEIZENG-IST) ist deutlich niedriger als der statistische Verbrauchskennwert (VKW). Aufgrund des vor Ort festgestellten guten Zustandes des Kindergartens und der erst in den 90er Jahren durchgeführten umfassenden Modernisierung ist es durchaus plausibel, dass dieser Kindergarten eine bessere Energieeffizienz aufweist, als die statistisch

---

[206] Ages 2008, Anhang 4, S. 2.
[207] Ages 2008, S. 63.

ausgewertete Vergleichsgruppe von 553 Objekten (Verbrauchskennwerte 1999).[208] Da über den baulichen Zustand dieser Vergleichsobjekte keine näheren Angaben vorliegen, lässt sich diese Einschätzung nicht überprüfen. Die alleinige Verwendung der im Ages Bericht verfügbaren statistischen Verbrauchskennwerte ist zur Beurteilung des Kindergartens 02 somit nicht geeignet.

5.4.4 Vergleichende Bewertung der Ergebnisse für das Freizeitheim

Für das Freizeitheim wurde mit dem FEE-Modell ein Heizenergiebedarf im IST-Zustand berechnet, der mit dem Faktor 0,97 unterhalb des bereinigten Verbrauchs im Basisjahr 2007 (V*BJ) liegt. Diese Abweichung ist im akzeptablen Bereich. Unsicherheiten bei der Berechnung des Heizenergiebedarfs für das Freizeitheim bestanden vor allem im Bereich der Jahresvollbenutzungsstunden und in der Nutzungsart und erforderlichen Raumtemperatur. Mit einer Detaillierung dieser Angaben könnte die Abweichung zur erfassten Baseline reduziert werden. Aufgrund der relativ geringen Abweichung und fehlender Informationen über die tatsächliche Nutzung wird von der Überprüfung weiterer Annahmen jedoch abgesehen.

Als statistischer Vergleichswert wurde der arithmetisch gemittelte Heizenergieverbrauch der Ages-Vergleichsgruppe „Vereinshäuser-/räume" gewählt. In dieser Vergleichsgruppe wurden 134 Daten ausgewertet. Die Häufigkeitsverteilung der Verbrauchskennwerte ist als eindeutig „links schief" zu bezeichnen. Das heißt, es sind sehr große Spreizungen der Kennwerte und Ausreißer vorhanden. Es liegen Verbrauchskennwerte von 0 bis 342 kWh/a vor. Eine Erläuterung zu Ausreißern bzw. nicht plausiblen Werten ist nicht vorhanden. Die in der Auswertung erfassten Objekte sind mit einem Flächendurchschnitt von 360 m² BGF[209] mehrheitlich kleiner als das zu bewertende Bestandsgebäude. Der im FEE-Modell berechnete Heizenergiebedarf (HEIZENG-IST) liegt mit dem Faktor 0,95 unter dem gewählten Verbrauchskennwert (VKW) in Höhe von 124.862,59 kWh/a. Eine Analyse dieser Abweichung ist aufgrund fehlender Informationen über die Vergleichsgruppe nicht durchführbar. Insbesondere wären Angaben zu jährlichen Nutzungsstunden und den durchschnittlichen Innenraumtemperaturen erforderlich. Ideal wäre darüber hinaus eine statistische Vergleichsgruppe von Vereinshäusern mit einer BGF von ca. 1.000 m² und einem Baujahr in den 80er Jahren. Diese Vergleichsgruppe ist nicht verfügbar. Die Verwendung der im Ages-Bericht verfügbaren statistischen Verbrauchskennwerte ist zur alleinigen Beurteilung des Freizeitheims nicht geeignet.

---

[208] Ages 2008, Anhang 4, S. 2.
[209] Ages 2008, Anhang 2, S. 138.

5.5 Im Zuge der Modellanwendung gewonnene Erkenntnisse

Anhand der durchgeführten exemplarischen Berechnungen mit dem FEE-Modell konnten die Gebäude identifiziert werden, die den absolut höchsten Energiebedarf und das höchste Energie-Einsparpotenzial aufweisen. Außerdem wurden die Gebäude ermittelt, die in Relation zur Objektgröße das höchste Einsparpotenzial erwarten lassen. Bei den untersuchten Bestandsgebäuden wurden nach dieser Vorgehensweise die Schule (absolut höchster Heizenergieverbrauch und höchstes Einsparpotenzial) und der Kindergarten 01 (relativ zur BGF höchster Heizenergieverbrauch und höchstes Einsparpotenzial) ermittelt. In die Prioritätenliste zu modernisierender Gebäude wurden zuvor 1. die Schule, 2. das Freizeitheim und 3. der Kindergarten 01 aufgenommen (vgl. Hauptprozess Gebäudeauswahl). Die durchgeführte Bewertung des Heizenergiebedarfs im Ist-Zustand ergab die Reihenfolge 1. Schule und 2. Kindergarten 01. Im Rahmen der Vorauswahl wurden der Kindergarten 01 mit dem Baujahr 1970 und das Freizeitheim mit dem Baujahr 1984 in der gleichen Kategorie mit 10 Punkten bewertet. Bei der Verfeinerung des FEE-Modell-Gebäudeauswahlprozesses muss demnach eine weitere Differenzierung der Punktvergabe nach Baualter berücksichtigt werden, um genauere Ergebnisse der Vorauswahl zu erzielen.

Mit der am Beispiel des Kindergartens durchgeführten Sensitivitätsanalyse wurde die Auswirkung unterschiedlicher Einflussfaktoren auf die Höhe des Einsparpotenzials untersucht. Im Ergebnis wurden eine besonders hohe Auswirkung von Jahresvollbenutzungsstunden, Endenergie-Aufwandszahl und Temperaturdifferenz auf das Gesamtergebnis nachgewiesen. Von hoher Bedeutung ist außerdem die Wahl des U-Wertes für den Ist-Zustand. Änderungen der Gebäudegeometrie sind weniger bedeutsam, je größer das Gebäude ist. Die Auswirkung der Luftwechselzahl ist gering. Auswirkungen steigender Energiekosten sind vernachlässigbar, solange Ist-Zustand und Soll-Zustand mit den gleichen Energieträgern und Kostenkennwerten bewertet werden.

Zielsetzung der vergleichenden Bewertung des berechneten Heizenergiebedarfs im IST-Zustand mit dem bereinigten Verbrauch im Basisjahr sowie externen Verbrauchskennwerten war es, die ermittelten Werte zu überprüfen und, falls erforderlich, anzupassen. In einer Auswahl wurden vier Gebäude einer Kommune analysiert, die einen guten Einblick in die Vielfalt typischer Baualtersstufen, Nutzungsarten und Gebäudegrößen kommunaler Bestandsgebäude bieten.

Zur verwendeten Datengrundlage ist anzumerken, dass für keines der untersuchten Gebäude eine vollständige und aktuelle Bestandsdokumentation vorlag. Die zur Verfügung gestellten Planunterlagen waren von unterschiedlicher Qualität, von Zeichnungen mit handschriftlichen Maßen und Beschriftungen bis zu CAD-Plänen in Papier und digitaler Form. Die verfügbaren Dokumente spiegeln die wesentlichen Phasen (Baugenehmigung zur Errichtung, genehmigungspflichtige Umbauten und Modernisierungen) in der Objektgeschichte wider. Das Erstellen von Bestandsplänen sowie die Aufbereitung des Zahlenmaterials für eine Objektdatei gehören zu den Besonderen Leistungen im Rahmen der Objektplanung (§ 15, Abs. 1 HOAI, Leistungsphase 9: Objektbetreuung und Dokumentation).[210] In der Praxis war es bisher nicht üblich, diese zusätzlichen Leistungen in Auftrag zu geben. Häufig werden auch die Grundleistungen der Leistungsphase 9 nicht beauftragt, um Planungskosten zu sparen. Somit fehlen diese Objektdaten und es müssen vorläufig Annahmen getroffen werden. Es handelt sich bei den im FEE-Modell erfassten „Bestandsdaten" um Rechenwerte, deren Genauigkeit mit geringem Aufwand verbessert werden kann, wenn aktualisierte Bestandsdokumentationen vorliegen. Es würde sich beispielsweise anbieten, bei zukünftigen genehmigungspflichtigen Baumaßnahmen die Besonderen Leistungen der Leistungsphase mit zu beauftragen und die Bestandsdaten zu aktualisieren.

Zu den durchgeführten vergleichenden Bewertungen von Heizenergiebedarf im Ist-Zustand, Verbrauch im Basisjahr und den statistisch ausgewerteten Verbrauchskennwert einer Vergleichsgruppe ist festzustellen, dass das FEE-Modell gut geeignet ist, um die Bewertungsergebnisse zu überprüfen und nachvollziehbar zu konkretisieren. Im Rahmen dieser ersten prototypischen Anwendung sollte untersucht werden, ob der berechnete Heizenergiebedarf mit dem gemessenen Energieverbrauch vergleichbar ist und ob Abweichungen analysiert und Anpassungen vorgenommen werden können. Außerdem sollte eine Gegenüberstellung mit der bisher gängigen Praxis der Ermittlung von Einsparpotenzialen anhand von statistisch ausgewerteten Verbrauchskennwerten erfolgen. Hierzu wurden Vergleichskennwerte des in der kommunalen Praxis im Allgemeinen bekannten Verbrauchskennwertberichtes der Ages in der aktuellen Ausgabe verwendet (Ages 2008). Die Methode des Verbrauchskennwertvergleichs wurde als alleiniges Bewertungsverfahren für die Energieeffizienz als nicht geeignet nachgewiesen. Zusammenfassend wurden die folgenden Erkenntnisse gewonnen:

---

[210] Vgl. HOAI, http://bundesrecht.juris.de/aihono/index.html.

Modellanwendung am Beispiel der Schule: Die Reduzierung der Jahresvollbenutzungsstunden von 1.300 h auf 1.100 h sowie die Reduzierung der Endenergie-Aufwandszahl von 1,37 auf 1,2 führte im Ergebnis zur erwarteten Annäherung von berechnetem Heizenergiebedarf und erfasstem Heizenergieverbrauch. Die Eignung des FEE-Modells zur nachvollziehbaren Bewertung und Überprüfung der Ergebnisse wurde nachgewiesen.

Statistische Verbrauchskennwerte: Der alleinige Vergleich mit statistischen Verbrauchskennwerten hat sich aus folgenden Gründen zur Energieeffizienzbewertung der untersuchten Bestandsgebäude als nicht geeignet erwiesen:

- Die verfügbaren Vergleichsgruppen sind wenig untergliedert. Es werden altersgemischte und sämtliche Nutzungsarten der gewählten Größenklasse umfassende Vergleichsgruppen verwendet.
- Die Verwendung von Modalwerten als Vergleichskennwerte erfordert große Vergleichsgruppen. Für die Bewertung kleiner Vergleichsgruppen mit großen Spreizungen des Verbrauchs sollen arithmetische Mittelwerte verwendet werden.
- Das Baujahr liefert keinen Hinweis zum bautechnischen Standard, da Modernisierungen im Rahmen der statistischen Auswertungen nicht berücksichtigt werden.
- Beim Vergleich einzelner Gebäude mit statistischen Verbrauchskennwerten von vergleichbaren Gebäudegruppen besteht ein höheres Fehlerrisiko, als beim Vergleich von Vergleichsgruppen mit Vergleichsgruppen, weil sich Ungenauigkeiten auf mehrere Gebäude verteilen.
- Auf Basis des statistischen Datenmaterials können nur statistische Auswertungen jedoch keine technischen Gebäudeanalysen durchgeführt werden. Statistische Verbrauchskennwerte sind daher nur in Kombination mit analytischen Verfahren zur Energieeffizienzanalyse einsetzbar.

Tabelle 16: Überprüfte und angepasste FEE-Heizenergiebedarfsermittlung

Gebäude	HEIZENG-IST (EUR)	V^*_{BJ} (EUR)	Prüfergebnis VKW	HEIZENG-IST/V^*_{BJ}	HEIZENG-IST/VKW
SCHULE	872.061	911.272	Nicht ok	0,96	entfällt
KIGA 01	163.007,65	157.309,78	Nicht ok	1,04	entfällt
KIGA 02	92.727,00	91.246,16	Nicht ok	1,02	entfällt
FREIZEIT	118.620,00	122.904,94	Nicht ok	0,97	entfällt

5.5 Im Zuge der Modellanwendung gewonnene Erkenntnisse

Die am Beispiel des Kindergartens durchgeführte Maßnahmenpriorisierung hat gezeigt, dass der Schwerpunkt des FEE-Modells im Bereich der bautechnischen Modernisierung liegt. Gegenstand der Berechnungen war es, den objektspezifischen IST-Zustand sowie einen als Niedrigenergiehaus definierten Modernisierungsstandard als SOLL-Zustand energetisch zu quantifizieren und monetär zu bewerten. Die energetische Quantifizierung umfasste die Ermittlung des Heizenergiebedarfs sowie der wesentlichen Einflussgrößen. Durch den Soll-Ist-Vergleich des ermittelten Heizenergiebedarfs wurde ein jährliches Einsparpotenzial objektweise ermittelt. Die monetäre Bewertung erfolgte mit einem objektspezifischen Kostenkennwert (EUR/kWh). Dieser wurde zuvor anhand der im FEE-Modell beschriebenen Systematik auf Basis des realen Heizenergieverbrauchs über drei Jahresabrechnungen ausgewertet und auf das festgelegte Basisjahr 2007 bereinigt.

Die objektspezifischen Einsparpotenziale wurden über einen Betrachtungszeitraum von 15 Jahren mit einem kalkulatorischen Zinssatz von 6% kapitalisiert. Es ist somit möglich, die nach der gleichen Vorgehensweise und auf dem gleichen Kostenstand (Basisjahr 2007) ermittelten Einsparpotenziale zu einem Gesamteinsparpotenzial des Bestands aufzuaddieren. Das kapitalisierte Einsparpotenzial ist Bestandteil der laufenden Heizkosten, die in den nächsten 15 Jahren ohnehin auszugeben wären, wenn keine energetischen Verbesserungsmaßnahmen durchgeführt würden. Wird hingegen in die energetische Modernisierung investiert und der im FEE-Modell beschriebene Niedrigenergiehaus-Standard erreicht, kann das Einsparbudget entsprechend der erzielten Heizenergieeinsparung als Kosteneinsparung verbucht werden. Es handelt sich somit um einen Bonus[211], der durch die Initiierung von energetischen Verbesserungen erwirtschaftet werden kann.

Vorteile des FEE-Modells wurden in der einfachen Handhabung, der transparenten Datenerfassung und Auswertung und den nachvollziehbaren Energieeffizienzbewertungen nachgewiesen. Außerdem wurde auf die realen Objekte in der Weise Bezug genommen, dass die getroffenen Annahmen über den vorhandenen Zustand und dessen mögliche Entwicklungen jederzeit überprüfbar und fortschreibbar sind.

---

[211] Der Bonus wird im Englischen auch als Fee (engl.: Provision, Vergütung) bezeichnet.

6 Resümee und Ausblick

6.1 Zusammenfassung der Ergebnisse

Die in den letzten Jahren stark schwankenden und stetig steigenden Energiepreise erfordern es, nachhaltige Strategien für einen reduzierten Energieverbrauch von Gebäuden zu entwickeln. Für Gebäude in privatwirtschaftlicher Hand werden bereits Maßnahmen umgesetzt, um die Marktattraktivität zu erhalten bzw. zu steigern und im Wettbewerb konkurrenzfähig zu bleiben. Ausgehend von der allgemeinen Problematik des hohen Energieverbrauchs von Altbauten und den daraus resultierenden Energiekosten und Umweltbeeinträchtigungen wurde der bisher wenig beachtete kommunale Gebäudebestand zur genaueren Untersuchung ausgewählt.

Der kommunale Gebäudebestand lässt wegen folgender Besonderheiten keine sofortige Umsetzung der bisher vor allem im Wohnungsbau erprobten Modernisierungsmaßnahmen zur Senkung des Energieverbrauchs zu:

- zergliederte Verantwortungsbereiche für die Gebäudebereitstellung und Bewirtschaftung,
- vielfältige Sondernutzungsarten im öffentlichen Nichtwohnbaubestand,
- Sicherstellung der ständigen Verfügbarkeit der Gebäude für die Allgemeinheit,
- verschuldete Haushalte und
- fehlende ganzheitliche Strategien.

In der Arbeit wird der Fokus speziell auf kommunale Schulen und Kindergärten gelegt. Dies wird zum einen durch den hohen Anteil dieser Gebäude am gesamten kommunalen Gebäudebestand begründet, zum anderen mit der damit verbundenen gesellschaftlichen Verantwortung zur Sicherung der öffentlichen Infrastrukturen zukünftiger Generationen. Die große Anzahl von Kommunen – 13.400 Gemeinden und Gemeindeverbände und 112 kreisfreie Städte (Stand 2006) – bewirkt eine starke Zergliederung des Gebäudebestandes in wenige Gebäude pro Kommune. Damit einhergehend sind strategische Gebäudebewirtschaftungsmethoden – eine typische Disziplin des Facility Managements – wenig verbreitet und meist auf Großstädte beschränkt.

Abhilfe schafft das in der vorliegenden Arbeit entwickelte Prozessmodell, mit dem eine einfach anzuwendende Energieeffizienzbewertung von Immobilien vorgenommen werden kann und das eine nachhaltige Steigerung der Energieeffizienz bewirkt.

6.1 Zusammenfassung der Ergebnisse

Wenige einfach zu bestimmende Gebäudeparameter reichen aus, um einen Überblick über das erzielbare Einsparpotenzial zu bekommen, wenn auf aktuellen Niedrigenergiehausstandard modernisiert wird. Es werden dabei nicht nur technische Aspekte betrachtet, sondern insbesondere der kaufmännische Aspekt in den Vordergrund gestellt. Damit können in kurzer Zeit ganzheitliche Konzepte für die Planung, Umsetzung und Überprüfung von Energieeffizienz steigernden Maßnahmen entwickelt werden, die den gesamten Lebenszyklus eines kommunalen Gebäudebestandes berücksichtigen.

Die Grundlage für die Energieeffizienzbewertung bilden die vier wesentlichen Einflussbereiche und deren Wechselspiel im genutzten Bestandsgebäude. Im Mittelpunkt stehen die Gebäudenutzer mit ihren Anforderungen an ein behagliches Raumklima. Je nach den klimatischen Bedingungen und der Energie- und Ressourcenverfügbarkeit des Standortes werden bauliche und technische Lösungen geprägt. Das Bauwerk und dessen technische Ausstattung bilden den Rahmen für einen bedarfsgerechten und wirtschaftlichen Gebäudebetrieb im gesamten Lebenszyklus. Das Verständnis dieser Zusammenhänge ist erforderlich, um Bestandsgebäude fundiert zu analysieren und effizienzsteigernde Maßnahmen abzuleiten.

Das entwickelte Prozessmodell „Facility Efficiency Evaluation" wird kurz als „FEE-Modell" bezeichnet. Vier Hauptprozesse bilden die Prozessstruktur:

1. Gebäudeauswahl der zu untersuchenden Bestandsgebäude. Mit dem Gebäudeauswahlprozess wird erreicht, dass primär die Gebäude untersucht werden, deren Modernisierung die größte Nutzenstiftung erwarten lässt.
2. Gebäudeanalyse zur Optimierung der Heizkosten. Der Analyseprozessablauf beginnt mit der systematischen Verbrauchserfassung und Kennwertbildung, Schwerpunkt des Analyseverfahrens ist die Heizenergiebedarfsprognose im SOLL-IST-Vergleich und die auf Basis des ermittelten Energiebedarfs erstellte Budgetermittlung für die energetische Modernisierung.
3. Maßnahmenidentifizierung anhand definierter Modernisierungsziele und dynamische Wirtschaftlichkeitsbetrachtung mit finanzmathematischen Methoden unter Berücksichtigung eines mehrjährigen Betrachtungszeitraums und kalkulatorischer Verzinsung.
4. Die abschließende Umsetzungsempfehlung anhand der Maßnahmeneffizienzbewertung in kurz-, mittel-, und langfristige Modernisierungsmaßnahmen gegliedert.

Der Hauptprozess „Gebäudeanalyse" wurde vertiefend untersucht, weil bisher keine Verfahren verfügbar sind, die eine Vergleichbarkeit von gemessenem Energieverbrauch und prognostiziertem Energiebedarf erlauben. Somit ist eine Überprüfung und Steuerung der Modernisierungsplanung im Gebäudebetrieb bisher gar nicht oder nur sehr schwer möglich.

Die Besonderheit des FEE-Modells besteht darin, dass die Energieeffizienz der Bestandsgebäude nachvollziehbar analysiert und bewertet wird. Das theoretisch entwickelte Modell wurde für vier kommunale Bestandsgebäude angewendet. Die Anwendbarkeit in der Praxis wurde durch den Vergleich der theoretisch mit dem FEE-Modell errechneten Energiebedarfskennwerte mit dem tatsächlichen Verbrauch nachgewiesen. Zusätzlich erfolgte eine Bewertung der Ergebnisse des FEE-Modells mit extern vorliegenden statistischen Verbrauchskennwerten. Im Rahmen von Sensitivitätsanalysen wurden die Auswirkungen der wesentlichen Einflussfaktoren überprüft. Eine Besonderheit stellt die Umsetzung mit Excel Tabellenkalkulationssoftware dar, die eine schnelle und einfache Handhabung unterstützt.

Im Rahmen der Modellentwicklung und Erprobung des FEE-Modells in der kommunalen Praxis wurde weiterer Forschungsbedarf erkannt. Es wird als wichtig erachtet, die Informationsverfügbarkeit für Bestandsgebäude zu verbessern. Außerdem wurde ein Defizit an energetischen Kennwerten für die Bewertung von Nichtwohngebäuden allgemein und kommunalen Gebäudearten im Besonderen festgestellt.

Einen Untersuchungsschwerpunkt bildet das kommunale Energiemanagement. Dieses hat seit den 90er Jahren im Rahmen von zunehmenden Anforderungen an die Kosteneinsparung an Bedeutung gewonnen. In den technischen Bauämtern von Großstädten wurden Energiemanagementabteilungen eingerichtet. Die Arbeitsschwerpunkte liegen aufgrund fehlender Investitionsmittel der kommunalen Haushalte vor allem im Bereich der organisatorischen und mit geringen Investitionen verbundenen Maßnahmen.

Die Kennwertermittlung zur Identifikation von Einsparpotenzialen ist in das Benchmarking mit Betriebskostenkennwerten und Energiekennwerten untergliedert. Festgestellt wurden technische Weiterentwicklungen und Präzisierungen der statistischen Datenerhebungs- und Auswertungsmethoden. Die Optimierung der Kennwertverfahren kann jedoch die technische Gebäudeanalyse nicht ersetzen. Die zunehmende Genauigkeit in der Datenerfassung und Auswertung erhöht den Bearbeitungsaufwand. Generell gilt es, so wenige Daten wie möglich zu erfassen und so viele wie nötig. Weitere Probleme bestehen darin, dass die vorhandenen Methoden nicht aufeinander abgestimmt sind. Aufgrund unterschiedlicher Abgrenzungen und Annahmen ist bisher keine übergeordnete Vergleichbarkeit und Steuerungsmöglichkeit im Lebenszyklus gegeben. Es sind beispielsweise Unterschiede im Bereich der energetischen Bezugsflächen (z.b. BGF, NGF, BGF_E, NF) vorhanden. Außerdem werden unterschiedliche Genauigkeitsanforderungen an die Berücksichtigung tatsächlicher Standorteinflüsse gestellt. In den Verfahren werden mittlere Außentemperaturen, Gradtagzahlen mit unterschiedlichen Bezugsgrößen und Norminnentemperaturen nicht einheitlich berücksichtigt. Älterem Datenmaterial liegen überholte Annahmen für die Gebäudenutzung zugrunde. Zusammenfassend wurde die Verwendung von statistischen Kennwertverfahren zur Energieeffizienzbewertung und -steigerung als nicht ausreichend festgestellt. Eine Kombination mit analytischen Verfahren wird als sinnvoll erachtet.

Die Kostenoptimierung im Gebäudelebenszyklus hat sich zu einem Forschungsschwerpunkt entwickelt. In der Praxis finden Lebenszykluskostenermittlungen zur Folgekostenprognose und Optimierung der Gebäudeplanung beispielsweise im Rahmen von Betreibermodellen und Public Privat Partnership-Projekten Verwendung. Die ökonomische und ökologische Bewertung von Gebäuden ist im Zusammenhang mit Nachhaltigkeitsanforderungen der Immobilienwirtschaft auf internationaler Ebene von wachsender Bedeutung. Die Übertragung des FEE-Modells auf den Bereich der Nachhaltigkeitsbewertung von Bestandsgebäuden wird als möglich und sinnvoll erachtet.

6.2 Weiterer Forschungsbedarf

Weiterer Forschungsbedarf wird im Rahmen der Grundlagenermittlung für die energetische Gebäudeanalyse erkannt. Vor allem für die Untersuchung von Nichtwohngebäuden bestehen Informationsdefizite in den folgenden Bereichen:

- Es fehlen Pauschalwerte für die energetische Bewertung der Baukonstruktionen von öffentlichen Gebäuden. Diese sind nach typischen Bauarten, U-Werten und gegliedert nach Baualtersklassen sowie Nutzungsarten aufzubereiten. Die bisher verfügbaren Arbeitshilfen für die energetische Bewertung von Gebäuden basieren auf Daten ausgewerteter Wohnungsbaubestände.
- Jahresvollbenutzungsstunden (vbh) für öffentliche Gebäude an unterschiedlichen Standorten sind bisher nicht verfügbar. Die Verwendung von Jahresvollbenutzungsstunden ist in aktuellen Normen nicht mehr vorgesehen. Für die überschlägige Ermittlung des Heizenergiebedarfs werden grobe Kennzahlen benötigt, die die jährliche Nutzungsdauer und standortspezifische Heizgradta-

ge berücksichtigen. Die aktuelle DIN V 18599-10 enthält Nutzungsrandbedingungen wie beispielsweise Nutzungs- und Betriebszeiten für unterschiedliche Nutzungsarten. Kommunale Bestandsgebäude sind jedoch bisher nur auszugsweise am Beispiel von „Klassenzimmer Schule" bzw. „Gruppenraum Kindergarten" erfasst.[212]

- Aufwandszahlen für die vereinfachte Bewertung der Technischen Anlagen von öffentlichen Gebäuden liegen nicht vor. Ersatzweise können bisher nur Aufwandszahlen, die auf der Basis von Wohnungsbeständen ermittelt wurden, verwendet werden.[213]

- Für die Bewertung von kommunalen Bestandsgebäuden fehlen oftmals aktuelle und vollständige Bestandsunterlagen. Es sind daher Methoden zu untersuchen, wie Bestandsgebäude auch ohne erforderliche Dokumentation schnell und einfach erfasst werden können. Probleme der Bestandsdokumentation und ein hoher Aufwand bei der Informationserfassung und Aufbereitung bestätigten sich bei der Modellanwendung und wurden auch in der ausgewerteten Literatur identifiziert.[214]

- Es sind somit zukünftig Verfahren zu untersuchen, die die erforderlichen geometrischen Informationen vor Ort schnell und einfach erfassen wie beispielsweise 3D-Laserscanning, Photogrammetrische Auswertungen und Thermographie. Außerdem werden Systeme benötigt, die die gewonnenen Informationen zuverlässig und zentral verfügbar verwalten, wie beispielsweise Computer Aided Facility Management (CAFM) und Geographische Informationssysteme (GIS).

Darüber hinaus werden Forschungspotenziale in folgenden Bereichen erkannt:

- Die Anlagentechnik von Gebäuden weist Verbesserungspotenziale auf. Die Anlagenaufwandszahlen geben an, wie viel Energie verloren geht, ohne zur Erwärmung der genutzten Räume verwendet zu werden. Je höher die Anlagenaufwandszahl, desto schlechter ist die Anlagentechnik. In Gebäuden mit einem Heizkessel ab Baujahr 1995 und Wärmedämmung der Rohrleitungen sind im Rahmen der Endenergiebedarfsermittlung zu kalkulierende Anlagenverluste bis zu 41% nicht akzeptabel. Die Anlagenverluste sind unter anderem auf die zentrale Energieerzeugung und die damit verbundenen langen Trans-

---

[212] DIN V 18599-10:2007-02, Tabelle 8a.
[213] Dena 2004, S. 26 „Endenergie-Aufwandszahlen für die Raumheizung" von Einfamilienhäusern und Mehrfamilienhäusern.
[214] Vgl. Sagebiel 1991; Ages 2008; BMVBS 2007.

portwege und entsprechende Verluste im Gebäude zurückzuführen. Zu untersuchen wäre, ob dezentrale Anlagensysteme, die die Wärme am gewünschten Ort, zu der Zeit und in der Menge erzeugen, wenn sie benötigt wird, effizientere Ergebnisse erzielen können. Die Vorteile, die die Einführung von Zentralheizungen gegenüber Einzelheizungen im Bedienkomfort gebracht haben wirken sich hinsichtlich des damit verbundenen höheren Energieverbrauchs nachteilig aus. Mit moderner Anlagentechnik könnten dezentrale Systeme entwickelt werden, die auch geeignet sind, um regenerative Energien besser zu nutzen.

- Im Rahmen der Energieeffizienzbewertung bisher wenig berücksichtigt wurden die Verwendbarkeit von regenerativen Energieträgern und deren regionale Verfügbarkeit. Als Vorgabe für zukünftige Gebäudeplanungen ist die optimale Nutzung regional verfügbarer Energieträger und Ressourcen vorstellbar. Das Erneuerbare-Energien-Gesetz (EEG) 2009[215] verpflichtet zukünftig zur Nutzung von regenerativen Energien. Die Umsetzung dieser Verpflichtung wird dazu führen, dass neue Gebäude und Anlagensysteme entwickelt werden.

---

[215] BGBl. 2008 I, S. 2074.

Literatur

Ages (2008): Verbrauchskennwerte 2005, Energie- und Wasserverbrauchskennwerte in der Bundesrepublik Deutschland, Forschungsbericht der ages GmbH (Hrsg.), 2. Aufl., Münster 2008

AHO (2006): Interdisziplinäre Leistungen zur Wertoptimierung von Bestandsimmobilien, Nr. 21 der Schriftenreihe des Ausschusses für die Honorarordnung von Architekten und Ingenieuren AHO, Köln 2006

BBR (2001): Leitfaden nachhaltiges Bauen, herausgegeben vom Bundesamt für Bauwesen und Raumordnung (BBR) im Auftrag des Bundesministeriums für Verkehr, Bau- und Wohnungswesen, Stand: Januar 2001, 2. Nachdruck (mit redaktionellen Änderungen).

BKI (2005): Konstruktionsdetails mit Baupreisen K1 – Details für energiesparende Konstruktionen, Ausschreibungstexte mit Baupreisen, Zeichnungen im CAD-Format auf CD-Rom, herausgegeben vom Baukosteninformationszentrum Deutscher Architektenkammern (BKI), Stuttgart 2005

BMVBS (2008): Energieausweis für Gebäude nach Energieeinsparverordnung (EnEV 2007), Informationsbroschüre des Bundesministeriums für Verkehr, Bau und Stadtentwicklung (BMVBS), Berlin 2008

BMVBS (2007): Leitfaden für Energiebedarfsausweise im Nichtwohnungsbau, Herausgeber: Bundesministerium für Verkehr, Bau und Stadtentwicklung (BMVBS), Verfasser: Schmidt Reuter Integrale Planung und Beratung GmbH, Berlin 2007

BMWI 2008: Bundesministerium für Wirtschaft und Technologie (Hrsg.): Energiedaten, Zahlen und Fakten, nationale und internationale Entwicklungen, www.bmwi.de/Navigation/Technologie-und-Energie/Energiepolitik/energiedaten.html, Stand 10.07.2008

Böhning, Jörg (2007): Altbaumodernisierung kompakt – Die 100 wichtigsten Konstruktionen und Anschlüsse für das Bauen im Bestand, Köln 2007

Bundesregierung (2008): Fortschrittsbericht 2008 zur nationalen Nachhaltigkeitsstrategie – für ein nachhaltiges Deutschland, herausgegeben vom Presse- und Informationsamt der Bundesregierung, Stand: Juli 2008 (Indikatoren: August 2008), Berlin 2008.

Camphausen, Bernd (2008): Grundlagen der Betriebswirtschaftslehre – Bachelor Kompaktwissen, Bernd Camphausen (Hrsg.), Theo Vollmer, Jürgen Jandt, Frank Levin, Bernd Eichler, München 2008

Cotts, David G. (1999): The Facility Management Handbook, New York 1999

Dena 2004: Deutsche Energie-Agentur GmbH (Dena) (Hrsg.): Energetische Bewertung von Bestandsgebäuden – Arbeitshilfe für die Ausstellung von Energiepässen, Berlin 2004

Dena 2008: Deutsche Energie-Agentur GmbH (Dena) (Hrsg.): Leitfaden Energiespar-Contracting, Vorbereitung und Durchführung von Energiespar-Contracting in Bundesliegenschaften, 4. Aufl., Berlin 2008

DESTATIS (2007): Allgemeinbildende Schulen – Schulen und Klassen nach Schularten, Statistisches Bundesamt Deutschland (DESTATIS), Stand 31.08.2007, www.destatis.de/jetspeed/portal/cms/Sites/destatis/Internet, Abfrage vom 26.05.2008

DESTATIS (2008): Finanzen und Steuern, Jahresrechnungsergebnisse kommunaler Haushalte 2006, Fachserie 14, Reihe 3.3, erschienen am 18.07.2008, Hrsg.: Statistische Bundesamt (DESTATIS), Wiesbaden 2008

DGNB (2009): Das Deutsche Gütesiegel nachhaltiges Bauen, Aufbau – Anwendung – Kriterien, Deutsche Gesellschaft für nachhaltiges Bauen e.V. (DGNB), 1. Aufl., Stuttgart 2009, www.dgnb.de, Abfrage vom 13.01.2009

Diederichs, Claus J. (2006): Immobilienmanagement im Lebenszyklus – Projektentwicklung, Projektmanagement, Facility Management, Immobilienbewertung, Berlin 2006

Diederichs, Claus J. (2005): Führungswissen für Bau- und Immobilienfachleute, Berlin 2005

Diederichs, Claus J. (2003): Grundleistungen der Projektsteuerung – Beispiele für den Handlungsbereich C – Kosten und Finanzierung, Wuppertal 2003

Diederichs, Claus J.; Getto, Petra; Streck, Stefanie (2000): Entwicklung eines Bewertungssystems für ökonomisches und ökologisches Bauen und gesundes Wohnen, Abschlussbericht, Wuppertal 2000

Diederichs, Claus J. (1999): Führungswissen für Bau- und Immobilienfachleute, Berlin 1999

Difu (2008): Der kommunale Investitionsbedarf 2006 bis 2020 – Endbericht, Kurzfassung, Hrsg.: Deutsches Institut für Urbanistik (Difu), Berlin 2008

Duden (1963): Das Herkunftswörterbuch - Die Etymologie der deutschen Sprache, Bibliographisches Institut Mannheim, Wien, Zürich, 1963

Duscha, Hertle (1999): Energiemanagement für öffentliche Gebäude, Organisation, Umsetzung und Finanzierung, Hrsg.: Markus Duscha und Hans Hertle, 2. Aufl., Heidelberg 1999

DWD (2008): Deutscher Wetterdienst, Abteilung Klima- und Umweltberatung (Hrsg.): Vorläufige Gradtagzahlen für ausgewählte Orte in Deutschland, www.dwd.de/gradtagzahlen, Stand 3.08.2008

ECA (2004): International Energy Agency IEA (Hrsg.): Energy Concept Adviser for Technical Retrofit Measures, Reduce Retrofitting in Educational Buildings, IEA ECBCS Annex 36: Calculation Tools for the Energy Concept Adviser, Mai 2004, http://www.annex 36.de/eca/de, Stand 28.07.2008

EEAP (2007): Nationaler Energieeffizienz-Aktionsplan (EEAP) der Bundesrepublik Deutschland, gemäß EU-Richtlinie über „Endenergieeffizienz und Energiedienstleistungen" (2006/32/EG), Bundesministerium für Wirtschaft und Technologie (Hrsg.), www.bmwi.de, Stand November 2007

Energieagentur NRW (2005): Die EU-Gebäuderichtlinie und der Energiepass – Der aktuelle Stand, Fachveranstaltung am 24. November 2005, Gründer- und Technologiezentrum Solingen, http://www.energieagentur.nrw.de, Abfrage vom 27.05.2008

Energieagentur NRW: Energieagentur Nordrheinwestfalen (Hrsg.): Energiemanagement – Organisation von Energieeinsparung in öffentlichen Gebäuden, Seminarheft zum Impuls-Programm „Bau und Energie", ohne Datumsangabe (ca. 1995)

Getto, Petra (2002): Entwicklung eines Bewertungssystems für ökonomischen und ökologischen Wohnungs- und Bürogebäudeneubau, Dissertation, Bergische Universität Wuppertal, Berlin 2002

Gergele, Marcus (2006): Kostentransparenz bei kommunalen Liegenschaften in Deutschland – Ermittlung von Kennzahlen als Grundlage für das kommunale Immobilienbenchmarking, Diplomarbeit, Berufsakademie Sachsen Staatliche Studienakademie Leipzig – Fachbereich Immobilienwirtschaft, Leipzig 2006

Härtl, Johanna (2005): Finanzierungs- und Investitionsrechnung – Lehr- und Arbeitsbuch für die Fort- und Weiterbildung, Berlin 2005

Hausladen, Gerhard (2005): Gerhard Hausladen, Michael de Saldanha, Petra Liedl, Christina Sager: Clima Design – Lösungen für Gebäude, die mit weniger Technik mehr können, München 2005

Hausladen, Gerhard (2003): Gerhard Hausladen, Michael de Saldanha, Wolfgang Nowak, Petra Liedl: Einführung in die Bauklimatik – Klima- und Energiekonzepte für Gebäude, Berlin 2003

Hegger, Manfred (2008): Manfred Hegger, Matthias Fuchs, Thomas Stark, Martin Zeumer: Energieatlas – nachhaltige Architektur, Basel 2008

Hirschberg, Rainer (2008): Energieeffiziente Gebäude – Bau- und anlagentechnische Lösungen - Vereinfachte Verfahren zur energetischen Bewertung, Köln 2008

Horschler, Stefan, Jagnow, Kati (2004): Planungs- und Ausführungshandbuch zur neuen EnEV – Umfassende Darstellung mit Projektbeispielen, Berlin 2004

HS 2008: Hottgenroth Software (HS): Energieberater, Version 6.333, Stand 2008 (Bildungsstättenversion, Fachhochschule Frankfurt am Main)

IBEC (2004): Institute for Building Environment and Energy Conservation (IBEC): Comprehensive Assessment System for Building Environmental Efficiency CASBEE for New Construction – Technical Manual 2004 Edition, Hrsg.: Japan Sustainable Building Consortium (JSBC), 1. Aufl. 2005.

IWU (2003): Leitfaden zur Beurteilung der Wirtschaftlichkeit von Energiesparinvestitionen im Gebäudebestand, Dr. Andreas Enseling, Institut Wohnen und Umwelt GmbH (IWU), Darmstadt 2003

Kaiser, Reinhard (2008): Neue Entwicklungen bei den erneuerbaren Energien – Wärmegesetz und Marktanreizprogramm, Vortrag im Rahmen des deutschen Energieberatertages, Frankfurt am Main, 7.-11.04.2008

Kaemper, Udo; Naujoks, Friedhelm (1999): Facility- und Gebäudemanagement in Kommunen, Ein Leitfaden für Konzepte und deren praktische Umsetzung, Bonn 1999

KfW 2008: Merkblatt KfW-Kommunalkredit – Energetische Gebäudesanierung (156): Finanzierung der energetischen Sanierung von Schulen, Schulsporthallen, Kindertagesstätten und Gebäuden der Kinder- und Jugendarbeit, Datum 10/2007, Bestellnummer: 142751, www.kfw-foerderbank.de, Stand 29.07.2008

Krimmling, Jörn (2007): Energieeffiziente Gebäude – Grundwissen und Arbeitsinstrumente für den Energieberater", Stuttgart 2007

LBB 1995: Landesinstitut für Bauwesen und angewandte Bauschadensforschung NRW (Hrsg.): Geplante Instandhaltung – Ein Verfahren zur systematischen Instandhaltung von Gebäuden, Aachen 1995

LHM 2004: Energiemanagementbericht – Strom, Wärme, Wasser, Analysen 2001 – 2002, Trends 2003 – 2004, Herausgegeben von der Landeshauptstadt München (LHM), Baureferat, München 2004

MacMillan (2006): English dictionary for advanced learners, London 2006

Marquardt, Helmut (2004): Energiesparendes Bauen – Von der europäischen Normung zur Energieeinsparverordnung, 1. Aufl., Stuttgart, Leipzig, Wiesbaden 2004.

May, Michael (2004): IT im Facility Management erfolgreich einsetzen – Das CAFM Handbuch, Berlin 2004

Möller, Dietrich-Alexander (2007): Planungs- und Bauökonomie, Band 1: Grundlagen der wirtschaftlichen Bauplanung, Hrsg.: Möller, Dietrich-Alexander, Kalusche, Wolfdietrich, 5. Aufl., München, Wien 2007

Moum, Anita (2008): Exploring Relations between the Architectural Design Process and ICT – Learning from Practitioners' Stories, Doctoral Thesis at Norwegian University of Science and Technology (NTNU), Trondheim 2008

Mügge, Günter (1996): Die Richtlinie VDI 3807 – Ein Verfahren zur Ermittlung und Anwendung von Energiekennwerten, in: VDI (1996) a.a.O., S. 1 - 10

Naber, Sabine (2002): Planung unter Berücksichtigung der Baunutzungskosten als Aufgabe des Architekten im Feld des Facility Management, Dissertation, Brandenburgische Technische Universität Cottbus, Frankfurt am Main 2002

OECD (2006): 21st Century Learning Environments, Hrsg.: Organization for Economic Cooperation and Development (OECD), 2006, www.oecd.org

OTTI (2008):Energieeffizienz und Bestand – Energetische Sanierung von Gebäuden, Veranstaltungsdokumentation des 2. Internationalen Anwenderforum: Energieeffizienz und Bestand, Energetische Sanierung von Gebäuden, 14. und 15. Februar 2008, Kloster Banz, Bad Staffelstein, Herausgeber: Ostbayerisches Technologie-Transfer-Institut e.V. (OTTI), Regensburg 2008

Pelzeter, Andrea (2007): Lebenszykluskosten von Immobilien – Vergleich möglicher Berechnungsansätze, in: Zeitschrift für Immobilienökonomie, 2/2007

Pelzeter, Andrea (2006): Lebenszykluskosten von Immobilien – Einfluss von Lage, Gestaltung und Umwelt, Dissertation an der European Business School Oestrich-Winkel, Köln 2006

Pistohl, Wolfram (2004): Handbuch der Gebäudetechnik – Planungsrundlagen und Beispiele, Band 1: Sanitär/Elektro/Förderanlagen, München 2004

Pistohl, Wolfram (2005): Handbuch der Gebäudetechnik – Planungsrundlagen und Beispiele, Band 2: Heizung/Lüftung/Energiesparen, München 2005

Pfeiffer, Michael (2004): Immobilienwirtschaftliche PPP Modelle im Schulsektor – Großbritannien und Deutschland im Vergleich, Hrsg.: Bundesverband Public Private Partnership (BPPP), Hamburg 2004

Pfnür, Andreas (2007): Ergebnisbericht zur empirischen Untersuchung: Ganzheitliche Wirtschaftlichkeitsanalyse bei PPP Projekten dargestellt am Beispiel des Schulprojekts im Kreis Offenbach, Arbeitspapiere zur immobilienwirtschaftlichen Forschung und Praxis, Band Nr. 8, März 2007, Darmstadt 2007

Preißler, Peter R. (2008): Betriebswirtschaftliche Kennzahlen – Formeln, Aussagekraft, Sollwerte, Ermittlungsintervalle, München 2008

Reidenbach, Michael; Kühn, Gerd (1989): Die Erhaltung der städtischen Infrastruktur, Hrsg.: Deutsches Institut für Urbanistik (Difu), Berlin 1989

Riegel, Gert Wolfgang (2004): Ein softwaregestütztes Berechnungsverfahren zur Prognose und Beurteilung der Nutzungskosten von Bürogebäuden, Dissertation, Technische Universität Darmstadt, Darmstadt 2004

Rondeau, Edmond P. (2006): Facility Management, Edmond P. Rondeau, Robert Kevin Brown, Paul D. Lapides, second edition, published by John Wiley & Sons, Inc., Hoboken, New Jersey 2006

Rotermund, Uwe (2003): Verfahren zur Ermittlung der Gebäudenutzungskosten von Immobilien, in: Facility Management für öffentliche Gebäude, 8. Zittauer Immobilientag, Tagungsband, Zittau, 05.11.2003 Hochschule Zittau/Görlitz, Wissenschaftliche Berichte, Nr. 1984-2000, Heft 77, 2003

Sagebiel, Ulrich (1991): Baunutzungskosten im Schulbau – Betriebskostendaten, Berlin 1991

Schelle, Hans (1992): Wirtschaftlichkeitsrechnungen für die Angebotswertung im Bauwesen, 1. Auflage, Düsseldorf 1992

Seilheimer, Stephan (2008): Immobilien-Portfoliomanagement für die öffentliche Hand – Ziele, Nutzen und Vorgehen in der Praxis auf der Basis von Benchmarks, Dissertation, Bergische Universität Wuppertal, 1. Aufl. 2007, Nachdruck 2008

Stoy, Christian (2005): Benchmarks und Einflussfaktoren der Baunutzungskosten, Dissertation, Eidgenössische Technische Hochschule Zürich, Zürich 2005

Streck, Stefanie (2004): Entwicklung eines Bewertungssystems für die ökonomische und ökologische Erneuerung von Wohnungsbeständen, Dissertation, Bergische Universität Wuppertal, Berlin 2004

Tietz, Hans-Peter (2007): Systeme der Ver- und Entsorgung – Funktionen und räumliche Strukturen, Wiesbaden 2007

VDI (1996): Energiekennwerte – Werkzeug für den Gebäudebetrieb, Tagung Stuttgart, 13. Juni 1996 / VDI Gesellschaft Technische Gebäudeausrüstung, Düsseldorf 1996

Vester, Frederic (2002): Die Kunst vernetzt zu denken – Ideen und Werkzeuge für einen neuen Umgang mit Komplexität, München 2002

Wagner, Andreas (2004): Andreas Wagner, Mathias Wambsganß, Sabine Froehlich, Martina Klingele: Energiekennwerte und Gebäudeanalysen für neun Verwaltungsgebäude der Deutsche Bahn AG – Geschäftsbereich Netz (enerkenn), Abschlussbericht, Universität Karlsruhe, Karlsruhe 2004

Wuppertal Institut (1996): Energiegerechtes Bauen und Modernisieren – Grundlagen und Beispiele für Architekten, Ingenieure und Bewohner, Wuppertal Institut für Klima, Umwelt, Energie, Planungs-Büro Schmitz Aachen, herausgegeben von der Bundesarchitektenkammer, Basel, Berlin, Boston 1996

Wüstenrot Stiftung (2004): Schulen in Deutschland – Neubau und Revitalisierung, Herausgeber: Wüstenrot Stiftung, Stuttgart 2004

Literatur

Gesetze, Normen und Richtlinien

Betriebskostenverordnung (2003): Verordnung über die Aufstellung von Betriebskosten, Gesetzesstand vom 25. November 2003 (BGBl. Teil I 2003, S. 2346)

EnEV 2007: Verordnung über energiesparenden Wärmeschutz und energiesparende Anlagentechnik bei Gebäuden (Energieeinsparverordnung – EnEV) vom 24. Juli 2007

DIN EN ISO 9001 (2000): Qualitätsmanagementsysteme-Anforderungen (ISO 9001:2000); Dreisprachige Fassung EN ISO 9001:2000

DIN EN 15221 (2005): Facility Management – Begriffe; Deutsche Fassung prEN 15221:2005, Entwurf Juni 2005

DIN EN 15222 (2005): Facility Management – Vereinbarungen – Leitfaden zur Erarbeitung von Facility Management Verträgen; Deutsche Fassung prEN 15222:2005, Entwurf Juni 2005

DIN V 18599:2007-02: Energetische Bewertung von Gebäuden – Berechnung des Nutz-, End- und Primärenergiebedarfs für Heizung, Kühlung, Lüftung, Trinkwasser und Beleuchtung, Teil 1-10, Berlin, Wien, Zürich, 2007

DIN 18960: Nutzungskosten

DIN 4108-2:2003-07: Wärmeschutz und Energieeinsparung in Gebäuden; Mindestanforderungen an den Wärmeschutz

GEFMA 100-1 (2004): German Facility Management Association – GEFMA (Hrsg.): Facility Management Grundlagen, GEFMA – Richtlinie 100-1, Entwurf Juli 2004

GEFMA 100-2 (2004): German Facility Management Association – GEFMA (Hrsg.): Facility Management Leistungsspektrum, GEFMA – Richtlinie 100-2, Entwurf Juli 2004

GEFMA 124-1 (2008): German Facility Management Association – GEFMA (Hrsg.): Energiemanagement – Grundlagen und Leistungsbild, GEFMA – Richtlinie 124-1, Entwurf August 2008

GEFMA 124-2 (2008): German Facility Management Association – GEFMA (Hrsg.): Energiemanagement – Methoden, GEFMA – Richtlinie 124-2, Entwurf August 2008

GEFMA 200 (2004): German Facility Management Association – GEFMA (Hrsg.): Kosten im Facility Management – Kostengliederungsstruktur zu GEFMA 100, GEFMA – Richtlinie 200, Entwurf Juli 2004

GEFMA 220-1 (2006): German Facility Management Association – GEFMA (Hrsg.): Lebenszykluskostenrechnung im FM – Einführung und Grundlagen, GEFMA – Richtlinie 220-1, Entwurf Juni 2006

GEFMA 230 (2008): German Facility Management Association – GEFMA (Hrsg.): Prozesskostenrechnung im FM – Grundlagen, Anwendung, Vorteile, GEFMA – Richtlinie 230, Mai 2008

GEFMA 240 (2006): German Facility Management Association – GEFMA (Hrsg.): Prozessnummernsystem im FM – Grundlagen, Aufbau und Anwendung, GEFMA – Richtlinie 240, Februar 2006

MBO (2002): Musterbauordnung, Arge Bau, Fassung vom November 2002 (http://www.umwelt-online.de/recht/bau/laender/boa_ges.htm)

VDI 3807 – Blatt 1: Verein Deutscher Ingenieure e.V. (Hrsg.): VDI–Richtlinie 3807 – Blatt 1: Energie- und Wasserverbrauchskennwerte für Gebäude. Grundlagen, Düsseldorf, März 2007

VDI 3807 – Blatt 2: Verein Deutscher Ingenieure e.V. (Hrsg.): VDI–Richtlinie 3807 – Blatt 1: Energie- und Wasserverbrauchskennwerte für Gebäude. Heizenergie- und Stromverbrauchskennwerte, Düsseldorf, Juni 1998

VDI 3807 – Blatt 4: Verein Deutscher Ingenieure e.V. (Hrsg.): VDI–Richtlinie 3807 – Blatt 4: Energie- und Wasserverbrauchskennwerte für Gebäude. Teilkennwerte elektrische Energie, Düsseldorf, Dezember 2006

VDMA 24198 (2000): Performance Contracting – Begriffe, Prozessbeschreibung, Leistungen, Verband Deutscher Maschinen- und Anlagenbau e.V., Februar 2000

Richtlinie 2002/91/EG: Des Europäischen Parlaments und des Rates vom 16. Dezember 2002 über die Gesamtenergieeffizienz von Gebäuden, in: Amtsblatt der Europäischen Gemeinschaften v. 4.1.2003, L 1/65 – L1/71, http://www.eco.public.lu, Ausdruck vom 11.07.2008.

Glossar

Anlagenaufwand	Der Anlagenaufwand der Technischen Gebäudeausrüstung (TGA) umfasst die Erzeugung, Speicherung, Verteilung und Übergabe der Wärme. Es sind somit Umfang und Qualität der erforderlichen Zentralen (z.B. Heizkesselart und Heizkesselleistung, Vor- und Rücklauftemperatur), Leitungen (z.B. Ein- oder Zweirohrsysteme, Wärmedämmung der Rohrleitungen) und Anlagenteile (z.B. Radiatoren, Thermostatventile) zu berücksichtigen. Die Erfassung und Auswertung des Anlagenaufwands ist erforderlich, um den Heizenergiebedarf des Gebäudes zu ermitteln → **Endenergie-Aufwandszahl**.
Annuitätenmethode	Die Annuitätenmethode weist als Erfolgskriterium die Annuität als den finanzmathematischen Durchschnittsgewinn/-verlust der Investition pro Jahr aus. Die Annuität eignet sich somit zum Vergleich von Investitionsvarianten mit unterschiedlich langer Lebensdauer. Im Rahmen der Beurteilung von Energieeinsparinvestitionen werden die jährlichen Kosten den jährlich erzielbaren Einsparungen gegenübergestellt → **Einsparkosten**.
Barwert	Der Barwert (Kapitalwert) entspricht dem auf den Gegenwartszeitpunkt (t_0) auf- oder abgezinsten Wert eines Investitionsvorhabens. Für die Ermittlung des Barwertes werden mindestens Angaben der Höhe und des Zeitpunkts von geplanten einmaligen Investitionen (z.B. Kosten für Wärmedämmmaßnahmen und die Erneuerung der Heizungsanlage) benötigt. Außerdem ist der Betrachtungszeitraum in Jahren festzulegen und ein Kalkulationszinssatz auszuwählen.

Basisjahr	Im → **Energieeinspar-Contracting** ist zur Bewertung des Erfolgs ein Kalenderjahr als Abrechnungsbasis festzulegen. Im Basisjahr wird der Energieverbrauch als **„Baseline"** nach einheitlichen Regeln dokumentiert. Anhand der Baseline werden die prognostizierten Bedarfsermittlungen überprüft und die erzielten Einsparungen nachgewiesen. Die Baseline des Energieverbrauchs dient als Bezugsgröße für die Ermittlung der Energiekosten im Basisjahr.
Benchmarking	Unter Benchmarking wird die Gegenüberstellung vorhandener Kennwerte mit definierten Zielwerten einer Vergleichsgruppe verstanden. Die Bewertung der Energieeffizienz kann mit dieser Methode nur in Relation zu den gewählten Zielwerten der Vergleichsgruppe vorgenommen werden. Eine Bestimmung der absoluten Vorteilhaftigkeit ist nicht möglich. Das Benchmarking sollte deshalb mit anderen Methoden kombiniert werden.
Bestandsdatenerfassung	Die Erfassung der erforderlichen baulichen, technischen und organisatorischen Bestandsinformationen, die zur Bewertung und Steigerung der Energieeffizienz benötigt werden. Eine umfangreiche Checkliste für die Datenerfassung ist im Rahmen des Energieeinspar-Contractings verfügbar (vgl. Dena 2008: Leitfaden Energiespar-Contracting für Bundesliegenschaften).
Betriebskosten	Nach § 1, Abs. 1 Betriebskostenverordnung sind Betriebskosten *„die Kosten, die dem Eigentümer oder Erbbauberechtigten durch das Eigentum oder Erbbaurecht am Grundstück oder durch den bestimmungsgemäßen Gebrauch des Gebäudes, der Nebengebäude, Anlagen, Einrichtungen und des Grundstücks laufend entstehen."*

Glossar

Betriebsprozesse	Betriebsprozesse werden von den technischen, kaufmännischen und infrastrukturellen Ebenen des Gebäudemanagements (GM) beeinflusst. Das technische Gebäudemanagement umfasst z.b. Betrieb, Wartung und Instandhaltung von Anlagen. Schwerpunkte des kaufmännischen Gebäudemanagements sind unter anderem der Abschluss von Energieversorgungsverträgen, Abrechnungen und Beschaffungen. Das infrastrukturelle Gebäudemanagement umfasst unter anderem die Objektreinigung und Hausmeisterdienste.
Effektivität	Nach Duden die Wirksamkeit, Durchschlagskraft, Leistungsfähigkeit. Effektiv (lateinisch) a) tatsächlich, wirklich; b) wirkungsvoll (im Verhältnis zu den aufgewendeten Mitteln); c) (umgangssprachlich) überhaupt, ganz und gar; d) lohnend.
Efficiency	Wird im englischen Sprachgebrauch definiert als: *„the ability to work well and produce good results by using the available time, money, supplies etc in the most effective way: the search for lower costs and greater efficiency"* (McMillan 2006, S. 445).
Effizienz	Nach Duden die Wirksamkeit und Wirtschaftlichkeit. Effizient (lateinisch): besonders wirksam und wirtschaftlich, leistungsfähig.

Einsparkosten	Eine Variante der Annuitätenmethode, die vor allem im kommunalen Energiemanagement verbreitet ist, ist das Verfahren zur Ermittlung von Einsparkosten. Hierzu werden die → **Netto-Kosten** der energetischen Modernisierungsmaßnahmen mit dem Annuitätenfaktor (a) in jährlich gleiche Raten (Annuitäten) umgerechnet und zur jährlich eingesparten Energiemenge ins Verhältnis gesetzt (Modernisierungskosten EUR/kWh eingesparte Energie). Es ist somit möglich, die jährlichen Einsparkosten mit den Energiekosten zu vergleichen. Die Maßnahme ist wirtschaftlich vorteilhaft, wenn die Energiekosten unter Berücksichtigung von Preissteigerungsraten höher sind, als die Annuitäten der energetisch wirksamen Modernisierungskosten.
Endenergiebedarf	Nach DIN V 18599 ergibt sich der Endenergiebedarf aus dem → **Nutzenergiebedarf** des Gebäudes und den technischen Verlusten für die Übergabe, Verteilung und Speicherung und den Verlusten der Energieerzeugung für die einzelnen Konditionierungsarten.
Endenergie-Aufwandszahl	Von der Deutschen Energie Agentur (Dena) werden für die überschlägige Bewertung des → **Anlagenaufwands** im Wohnungsbestand pauschale Kennwerte „Endenergie-Aufwandszahlen (e_{EH}) für die Raumheizung (ohne Hilfsenergie)" zur Verfügung gestellt (vgl. Dena 2004, S. 26).
Energieeffizienz	Nach DIN V 18599 die „Bewertung der energetischen Qualität von Gebäuden durch Vergleich der Energiebedarfskennwerte mit Referenzwerten (...) oder durch Vergleich der Energieverbrauchskennwerte mit Vergleichswerten (...)."

Energieeinsparpotenzial	Im FEE-Modell werden Energieeinsparpotenziale als die Differenz des Energiebedarfs im Soll-Ist-Vergleich ermittelt. Der Barwert der erzielbaren Einsparungen ($BW_{EINSPAR}$) wird über einen festgelegten Betrachtungszeitraum und unter Berücksichtigung kalkulatorischer Verzinsung ermittelt.
Energieträger	Nach DIN V 18599 *„zur Erzeugung mechanischer Arbeit, Strahlung oder Wärme oder zum Ablauf chemischer bzw. physikalischer Prozesse verwendete Substanz oder verwendetes Phänomen."* Im FEE-Modell wird der Begriff beispielsweise für die Brennstoffe der Heizanlagen verwendet (z.B. Erdgas, Heizöl).
Evaluation	Im englischen Sprachgebrauch: Evaluation *"The evaluation of the data."* Evaluate *„to think carefully about something before making a judgment about its value, importance, or quality."* (McMillan 2006, S. 471)
Facility Efficiency Evaluation (FEE)	Bewertung der Wirtschaftlichkeit von Gebäuden, Anlagen und Einrichtungen. Schwerpunkt dieser Arbeit ist die Bewertung und Steigerung der Energieeffizienz kommunaler Bestandsgebäude. Das hierzu entwickelte ganzheitliche Prozessmodell wird daher als **„FEE-Modell"** bezeichnet.
Facility Management (FM)	Nach der europäischen Facility Management Norm DIN EN 15221 (2005) wird Facility Management wie folgt definiert: *„The integration of processes within an organisation to maintain and develop the agreed services which support and improve its primary activities."*
Gebäudeanalyse	Einer von vier Hauptprozessen im FEE-Modell. Die Gebäudeanalyse dient zur Bewertung der Energieeffizienz von Bestandsgebäuden (vgl. Kapitel 4).

Gebäudeauswahl	Einer von vier Hauptprozessen im FEE-Modell. Zielsetzung der Gebäudeauswahl ist die systematische Auswahl derjenigen Bestandsgebäude, bei denen besonders hohe Einsparpotenziale erwartet werden können (vgl. Kapitel 4).
Gebäudelebenszyklus	Der Gebäudelebenszyklus umfasst die vier wesentlichen Phasen der: 1. Konzeption und Planung, 2. Errichtung, 3. Betrieb und Nutzung sowie 4. Verwertung.
Gesamtenergieeffizienz eines Gebäudes	Die Energiemenge, die tatsächlich verbraucht oder veranschlagt wird, um den unterschiedlichen Erfordernissen im Rahmen der Standardnutzung des Gebäudes unter anderem Heizung, Warmwasserbereitung, Kühlung, Lüftung und Beleuchtung gerecht zu werden. Diese Energiemenge ist durch einen oder mehrere numerische Indikatoren darzustellen, die unter Berücksichtigung von Wärmedämmung, technischen Merkmalen und Installationskennwerten, Bauart und Lage in Bezug auf klimatische Aspekte, Sonnenexposition und Einwirkung der benachbarten Strukturen, Eigenenergieerzeugung und andere Faktoren, einschließlich Innenraumklima, die den Energiebedarf beeinflussen, berechnet werden (Richtlinie 2002/91/ EG, Artikel 2, Ziffer 2).
Gradtagzahlen	Gradtagzahlen (GTZ 20/15) geben die Temperaturdifferenz von Außen- und Innentemperatur (20°C) an den Tagen an, an denen die Außentemperatur unter 15°C (Heizgrenztemperatur) liegt. Gradtagzahlen werden in der Einheit Kelvin day (Kd) angegeben.
Heizenergiebedarf	Im FEE-Modell wird der Heizenergiebedarf vereinfachend als Produkt aus Heizwärmeleistung (kW), Jahresvollbenutzungsstunden (h) und Endenergie-Aufwandszahlen (Faktor) ermittelt.

Glossar

Heizwärmeleistung	Die Heizwärmeleistung ist eine Gebäudeeigenschaft, die angibt, welche Wärmemenge pro Zeiteinheit zugeführt werden muss, um bei vorgegebenen winterlichen Norm-Witterungsbedingungen die Wärmeverluste (z.b. durch Transmission und Lüftung) zu decken und im Inneren des Hauses die geforderten Norm-Innentemperaturen zu gewährleisten (vgl. Kapitel 4 unter Verwendung von Pistohl 2005, S. H 22).
Instandhaltungskosten	Die Instandhaltung umfasst die Wartung, Inspektion und Instandsetzung. Instandhaltungskosten werden nach DIN 18960 für die Aufwendungen zur Wartung, Inspektion und Instandsetzung von Bauwerken und Technischen Anlagen ermittelt.
Jahresvollbenutzungsstunden	Die Jahresvollbenutzungsstunden (V_{bh}) sind Tabellenwerte, mit denen die jährlichen Nutzungs- und Betriebszeiten einer Gebäudenutzungsart und die übliche Heizperiode berücksichtigt werden.
Maßnahmeneffizienzfaktor (MEFFI)	Der Maßnahmeneffizienzfaktor wird als Kennwert aus Einsparkosten (ESPARKO) und Energiekosten (ENERKO) gebildet. Je kleiner MEFFI, desto effizienter ist die Maßnahme.
Maßnahmenidentifizierung	Einer von vier Hauptprozessen im FEE-Modell. Anhand von Checklisten und überschlägigen Berechnungen werden organisatorische, technische und bauliche Verbesserungs- und Modernisierungsmaßnahmen bestimmt.
Netto-Kosten	Es werden nur die energetisch wirksamen Mehrkosten gegenüber den ohnehin erforderlichen → **Instandhaltungskosten** berücksichtigt. Diese Vorgehensweise wird unter anderem beschrieben in: IWU 2003, S. 4 „Kopplungsprinzip", Wuppertal Institut 1997, S. 126 „Nettoinvestitionen".

Nutzungskosten	Nach DIN 18960 „*Alle in baulichen Anlagen und deren Grundstücken entstehenden regelmäßig oder unregelmäßig wiederkehrenden Kosten von Beginn ihrer Nutzbarkeit bis zu ihrer Beseitigung.*" Nutzungskosten werden nach DIN 18960 grob in vier Kostengruppen gegliedert: Kapitalkosten, Verwaltungskosten, Betriebskosten und Bauunterhaltungskosten.
Prozess	Nach ISO 9001:2000 eine Tätigkeit, die Ressourcen verwendet und die ausgeführt wird, um die Umwandlung von Eingaben in Ergebnisse zu ermöglichen. Oft bildet das Ergebnis des einen Prozesses die direkte Eingabe für den nächsten. Die Anwendung eines Systems von Prozessen in einer Organisation, gepaart mit dem Erkennen und den Wechselwirkungen dieser Prozesse sowie deren Management, kann als „**prozessorientierter Ansatz**" bezeichnet werden.
Technische Gebäudeausrüstung (TGA)	Die TGA umfasst die gesamte Anlagentechnik, die für die Raumkonditionierung und Warmwasserbereitung erforderlich ist. Die wesentlichen drei Gliederungsbereiche sind: Zentralen, Leitungen und Anlagenteile.
Umsetzungsempfehlung	Einer von vier Hauptprozessen im FEE-Modell. Die Umsetzungsempfehlung umfasst die Ermittlung von Einsparkosten (ESPARKO), die Bewertung der Maßnahmeneffizienz (MEFFI) und die Auswahl von kurz-, mittel- und langfristig wirtschaftlichen Maßnahmen.
Wirtschaftlichkeitsberechnung	Je nach Zielsetzung und Komplexität des Untersuchungsbereichs kommen statische oder dynamische Verfahren der Finanzmathematik für die Wirtschaftlichkeitsberechnung zum Einsatz (vgl. Kapitel 3.5).

MIX
Papier aus verantwortungsvollen Quellen
Paper from responsible sources
FSC® C105338

If you have any concerns about our products,
you can contact us on
ProductSafety@springernature.com

In case Publisher is established outside the EU,
the EU authorized representative is:
**Springer Nature Customer Service Center GmbH
Europaplatz 3, 69115 Heidelberg, Germany**

Printed by Libri Plureos GmbH
in Hamburg, Germany